本书出版受到湖南省哲学社会科学基金青年项目“家庭资源禀赋视角下稻农绿色农业技术采纳行为与政策激励研究”（18YBQ071）的资助。

湖南农业大学经济学院学术文库

非农就业对粮农灌溉用水行为的影响研究

——以华北平原为例

Impacts of Off-farm Employment on Irrigation Water Use of Grain Growers

尹　宁◎著

图书在版编目（CIP）数据

非农就业对粮农灌溉用水行为的影响研究：以华北平原为例/尹宁著．—北京：经济管理出版社，2020.1

ISBN 978－7－5096－7028－6

Ⅰ．①非…　Ⅱ．①尹…　Ⅲ．①农村劳动力—劳动力转移—影响—农田灌溉—灌溉水—研究—中国　Ⅳ．①S273

中国版本图书馆 CIP 数据核字（2020）第 022104 号

组稿编辑：曹　靖
责任编辑：曹　靖　韩　峰
责任印制：梁植睿
责任校对：王纪慧

出版发行：经济管理出版社
（北京市海淀区北蜂窝 8 号中雅大厦 A 座 11 层　100038）
网　　址：www. E－mp. com. cn
电　　话：（010）51915602
印　　刷：三河市延风印装有限公司
经　　销：新华书店
开　　本：720mm×1000mm/16
印　　张：11. 25
字　　数：153 千字
版　　次：2020 年 5 月第 1 版　　2020 年 5 月第 1 次印刷
书　　号：ISBN 978－7－5096－7028－6
定　　价：68. 00 元

目　录

第1章　引言

改革开放至今，中国粮食生产得到了极大的发展，粮食产量翻了一番，从1978年的3.05亿吨增长到2018年的6.58亿吨，其增长速度远高于人口的增长速度，有力地回应了“谁来养活中国”的质疑。然而，作为人均资源相对匮乏的人口大国，中国粮食生产一直受耕地和淡水等资源环境的约束。虽然自2004年以来粮食产量连续增长，但增幅有所下降，实现连续增产的难度越来越大。在农业供给侧结构性改革的背景下，2016年粮食产量首次出现微幅下调，由粗放型的、增加投入的发展模式转向结构合理、高质量发展的现代生产模式，所以要紧抓资源的有效利用。

水资源是粮食生产投入的关键性资源，在保障国家粮食安全中具有十分重要的战略性意义。在其他条件不变的情况下，由雨养农业转变为灌溉农业能够大幅提高粮食产量（Huang等，2006）。然而，水资源面临着日益严重的数量和质量短缺。一方面，中国已被联合国列为世界上最贫水的13个国家之一，人均水资源拥有量（2039.25立方米/人）远低于世界平均水平（8800立方米/人），且逼近国际水资源严重短缺警戒线（1700立方米/人）。在总量有限的情况下，随着工业化、城镇化进程的加快，工业和城市用水需求的增加为农业水资源利用带来了更大的压力，尤其是占农业用水总量90%左右的粮食生产灌溉用水所面临的形势更加严峻。农业用水所占的比例由 1949 年中华人民共和国成立初期的 97.09% 降至 2007 年以来的 60% 左右。另一方面，水体污染问题加重了粮食生产灌溉中地表水和地下水在质量方面的短缺。中国水土资源在地域上的分布不平衡也为粮食生产灌溉增加了难度。北方地多水少、南方地少水多的空间分布格局更加突出了水资源的供需矛盾。

除上述问题之外，中国灌溉用水的浪费现象非常严重。数据显示，在不影响粮食产量的情况下，还可以将水资源消耗量降低 8% ~15%。中国单位农业增加值是工业增加值耗水量的 15.06 倍（中国科学院可持续发展战略研究组，2006），说明相对于其他行业来说，农业水资源开发利用方式普遍比较粗放。此外，节水灌溉水平仍有较大的提升空间。在过去的 50 年里，中国的灌溉事业先后经历了 30 多年的快速发展时期、20 世纪 90 年代初期至今的灌溉系统运行绩效下降的困境。农村灌溉和水利等基础设施年久失修、节水灌溉技术的推广有待加强，导致在输水和用水过程中的水利用效率低下。单位立方米水的粮食产量仅为世界平均水平的 1/3，农业灌溉用水有效利用系数较低，2015 年为 0.536，与发达国家 0.7 ~0.8 的利用系数差距很大，每年因此而减少的粮食产量约 500 亿公斤。可以说，中国粮食生产节水用水的潜力和压力俱在，发展节水灌溉农业、提高粮食生产灌溉用水效率已迫在眉睫。

在保证农业生产顺利进行和保障国家粮食安全的前提下实现这一目标需要社会各界共同努力。要实现这一目标首先需要政府的投资保障和政策激励，不过更重要的是农业生产和灌溉的最终决策者——农户，政策对农业灌溉用水的调节效应最终取决于农户对激励机制和政策调节的响应。经济学范畴讨论的粮食生产灌溉用水效率关注的是农户的管理能力，而不是灌溉系统的工程节水能力。作为理性的经济人，农户在对粮食作物进行灌溉时，会考虑灌溉行为的成本，包括获取灌溉用水的成本、灌溉劳动力投入的机会成本、采纳节水技术的成本等，并根据家庭的资源禀赋情况进行资源配置。

改革开放以来，随着人民公社体制的废除，家庭联产承包责任制得到实行和推广，经济体制改革打破了长久以来的计划经济体制，农业生产从传统生产方式逐渐向现代农业生产方式过渡，与此同时，城乡二元结构得到改变，中国农村劳动力得到极大的解放，大量劳动力向城镇和非农部门转移。目前，农村劳动力非农就业的规模仍在增加，根据国家统计局抽样调查的结果，2018 年中国农民工总数约 2. 88 亿人，在 2008 年的基础上增加了 27. 92%。与此同时，非农就业改变了农户家庭收入结构，农业收入所占比重下降，农村劳动力逐渐呈现显著的兼业经营特征。

农村劳动力向城镇和非农部门的转移极大地改变了农村社会环境和农户家庭资源禀赋。农户家庭拥有更多可支配劳动力，使农户能够及时做出新的家庭劳动力配置决策，从而改变了农业生产的劳动力资源数量和质量。此外，收入结构的多元化和收入水平的提高改变了农业生产所面临的资本和风险约束。这些变化同时作用于农业生产的水资源利用，为农业灌溉带来了多方面的影响。农村劳动力向城镇和非农部门的转移有利于缓解农村人口和资源矛盾，收入水平的提高和当地的经济发展有利于加强农田水利等基础设施建设。但同时非农就业改变了农村劳动力资源的状况，劳动力投入数量的减少和农村青壮年劳动力流失造成了农村劳动力“老龄化”“空心化”。农村劳动力资源在农业灌溉中具有独特优势和不可替代性。部分农村水利设施地处偏僻、无人看守，经过风吹日晒后容易老化，需要大量的人力维护和修理。本地农民无论在水利工程施工方面，还是在日常管护工作中，都具有地域和技术上的优势。农村劳动力大量转移有可能导致灌溉系统由于投工、投劳的不足而出现荒废、灌溉能力减弱等问题。此外，家庭劳动力的多寡和灌溉劳动力投入的机会成本大小对农业灌溉管理也会造成影响。在地表水灌溉中需要投入一定量的劳动力对水利设施进行管理和维护，在地下水灌溉中需要投入劳动力对机井进行维护，抽水灌溉需要人工操作、引水入田。

总而言之，在研究粮食生产灌溉用水时，将农村社会环境和家庭资源禀赋变化纳入考虑范围是非常有必要的。在农村劳动力大规模向非农部门转移改变了农户家庭收入结构和劳动分工的背景下，粮食生产灌溉用水的行为和效率有何变化、二者之间的关系如何、非农就业对二者的影响机理体现在哪些方面，这一系列问题都成为本研究选题的缘由和讨论的重点问题。

众多学者在对农业灌溉问题进行研究时已将农村劳动力非农就业的情况纳入考虑范围，但并未得出一致的研究结论。譬如 Wachong Castro 等（2010）探究了农户劳动力非农就业对地表水灌溉用水投入量的影响，发现农户家庭参与本地非农就业的劳动力占比越多，单位面积耕地上投入的灌溉用水量越少，而外出务工对灌溉用水投入量没有显著影响。Zhou 等（2008）分析了影响农户采纳节水灌溉技术的影响因素，发现经营者从事非农工作阻碍了农户在水稻生产中采纳节水灌溉技术；张新焕等（2013）却得出了相反的结论，认为非农收入比重越高的农户家庭越有可能采纳节水灌溉技术。Qiao 等（2009）发现参与非农就业的劳动力占家庭劳动力的比例越高，可分配在农业生产中的劳动力越少，农户对灌溉服务的需求越大，越期望参加灌溉管理组织以便获得及时、足量的灌溉用水；但赵立娟（2009）发现家庭非农就业劳动力的比例越高，意味着农户参与灌溉管理组织的机会成本越大，农户拒绝参与灌溉管理组织的概率越高。

在劳动力非农就业与灌溉用水效率的关系方面，学者们的研究结论也不一致。夏莲等（2013）发现农户家庭劳动力非农就业的人口比例对水资源利用效率有显著的负向影响，但非农收入在家庭总收入中所占的比例呈现显著的正向影响。这一研究结果直观地显现了劳动力非农就业通过“劳动力损失效应”和“收入效应”两条路径对灌溉用水效率产生影响。Tang 和 Folmer（2015）发现劳动力在农业生产经营上花费的时间越少，灌溉用水效率越高，说明了农业劳动力从事非农工作有利于提高灌溉用水效率。相反地，赵连阁和王学渊

(2010) 发现，与非农就业程度更高的灌区农户相比，更依赖于种植业的农户在进行灌溉时势必更多地考虑成本因素，因而更有节水的动力。许朗和黄莺 (2012) 在考察安徽省小麦生产的灌溉用水效率和影响因素时发现并证明了这一结论：在农户家庭收入结构中，非农收入所占比重越大，农户在小麦生产种植过程中的灌溉用水效率越低。Dhehibi 等 (2007) 从劳动力来源的角度研究证明了家庭劳动力成员所占的比例对灌溉用水效率的提高有促进作用，也就是说，家庭劳动力成员在使用灌溉用水时比雇佣的劳动力更有效率。这说明了即使在完全劳动力市场条件下，非农就业带来的资本积累使农户能够及时雇佣劳动力来替代家庭劳动力的损失，雇佣的劳动力和家庭劳动力在用水效率方面仍然存在差异。

已有研究结果的分歧恰好说明了劳动力非农就业对粮食生产灌溉的影响效应是复杂的，不能简单地从综合效应的方向进行判断。劳动力非农就业对灌溉用水带来的“劳动力损失效应”与“收入效应”通过影响一些中介因素进而对这两种影响效应进行调节，两种效应的此消彼长最终表现在非农就业对灌溉用水效率的影响上。因此，考察农村劳动力非农就业对粮食生产灌溉用水效率的潜在影响机理，能够加深对劳动力非农就业与灌溉用水之间关系的理解，为制定具有针对性的节水农业政策提供理论基础和实证经验。

在第 1 章对研究背景的描述基础上，第 2 章详细阐述了中国粮食生产的发展现状及其面临的资源约束、农业灌溉用水状况、农村劳动力非农就业的现实情况及特征和趋势等。第 3 章至第 5 章，笔者构建了非农就业影响粮农灌溉用水行为及效率的理论分析框架，并利用实地调查所搜集的数据进行实证分析，分别考察了非农就业对粮农灌溉用水行为、节水灌溉技术采纳行为以及灌溉用水效率产生的影响。首先，对粮农灌溉用水的劳动投入、资本投入、用水总量进行分析；其次，沿着农户技术采纳的过程，依次考察非农就业对农户技术认知、对技术的评价、采纳意愿、采纳行为和采纳方式的影响；最后，分析家庭劳动力非农就业程度不同的农户在灌溉用水方面的差异性，考察节水技术采纳在非农就业与灌溉用水效率之间所发挥的作用。

在此过程中，从不同类型的节水灌溉技术和不同程度的非农就业行为两方面进行了深入挖掘。技术类型差异影响了农户做出技术采纳决策的过程。已有研究多基于某一节水灌溉技术措施，探索农户采纳该技术措施的行为与效应，对于不同类型节水灌溉技术采纳的比较研究不多。尤其是在研究节水灌溉技术采纳意愿或行为时，对技术种类的划分多被忽视。此外，外出务工和本地非农就业的劳动力损失程度和收入效应均存在差异，鲜有文献在分析非农就业的后置影响，尤其是对农业生产投入的影响时，对农户的非农就业行为做出区分。本书将节水灌溉技术分为传统型技术和现代型技术，将农户家庭劳动力非农就业分为本地非农就业和异地非农就业，深入探究了不同程度的非农就业行为对农户节水灌溉技术采纳影响的差异性。

第 6 章作为补充和佐证部分，使用省域面板数据测算了各省灌溉用水效率并分析其时空分布特征，从宏观层面把握劳动力向非农部门转移对粮食生产灌溉用水产生的影响效应。第 7 章总结了本书的主要结论、从中获得的启示并对后续研究进行了展望。

第2章　粮食生产、非农就业与农业灌溉用水

2.1　粮食生产现状及其面临的资源环境约束

2.1.1　中国粮食生产的历史发展及现状分析

中国主要粮食作物包括稻谷、小麦和玉米。总体来说，中国粮食生产自改革开放以来发展迅速，粮食作物产量自1978年的30476.50万吨增长到2018年的65789.00万吨，实现了粮食作物产量翻一番。1978～2017年，稻谷的产量增长了7574.59万吨，增长了55.32%；2017年小麦产量是1978年的2.5倍；玉米的增幅最快，2000年以后，玉米产量超过小麦，2012年玉米产量超过稻谷，2015年玉米产量约是1978年玉米产量的4倍。但自中国推行供给侧结构性改革以来，玉米总产量在2016年和2017年均有所下调。中国粮食增产的发展阶段，大致可分为以下四个阶段。

1978~1997年，中国粮食产量在波动中增长。这一阶段的主要特征是粮食作物产量波动较大，但总体呈上涨态势。粮食总产量在1998年首次突破5亿吨，比改革开放初期增长了68.10%，稻谷产量增加45.12%，小麦和玉米产量翻了一番。党的十一届三中全会以来，农村各项改革措施逐步推进，国家政策鼓励粮食生产，粮食生产的各项投入增加，农民从事粮食生产的积极性提高，而对杂交水稻的推广大大提高了稻谷的单产。

1998~2003年，中国粮食低谷期。这一时期粮食总产量大幅下降，由1998年的51229.53万吨下降至2003年的43069.53万吨，下降了15.28%。主要原因有以下几个方面：一是国家退耕工程的实行，粮食种植面积出现一定程度的下降；二是农民从事非农就业的比例增加，加之粮食价格下跌，农民种粮的积极性受挫；三是自然灾害影响了粮食正常的产量。

2004~2015年，中国粮食恢复中快速发展时期。2015年粮食总产量继续稳步增长，达到62143.92万吨，较2004年增长了32.37%，实现中国粮食"十二连增"。在三大主要粮食作物中，水稻与小麦在经历2003年的低谷后也呈现平稳增长的趋势，玉米的产量增幅最大，并在2012年首次超过水稻产量。这一阶段粮食生产恢复发展的原因主要有以下几个方面：一是随着2003年惠农政策的实施，政府鼓励农民种粮，2004年对农业税收的减免、粮食直补制度的全面推广、农资补贴的力度加大等政策的颁布实施，重新激活了农民的种粮积极性，粮食播种面积得到恢复性增长；二是粮食生产得到规模化发展，开始出现种粮大户等生产经营形式；三是市场对蛋、奶、禽、肉的强劲需求刺激了畜牧业和饲料业的快速发展，导致了饲用玉米需求大幅增加，饲料粮需求扩大是玉米产量快速增长的主要动力。

2016年至今，粮食生产结构调整时期。自2015年中国提出供给侧结构性改革以来，粮食生产进入结构调整时期。2016年粮食产量结束了自2004年以来的"十二连增"，首次出现微幅下调，2016年稻谷和玉米产量较2015年均

有下降（见图2-1）。可以看出，在供给侧结构性改革的背景下，中国粮食生产结构将会出现进一步调整的新趋势，从数量保证向高质量发展迈进。

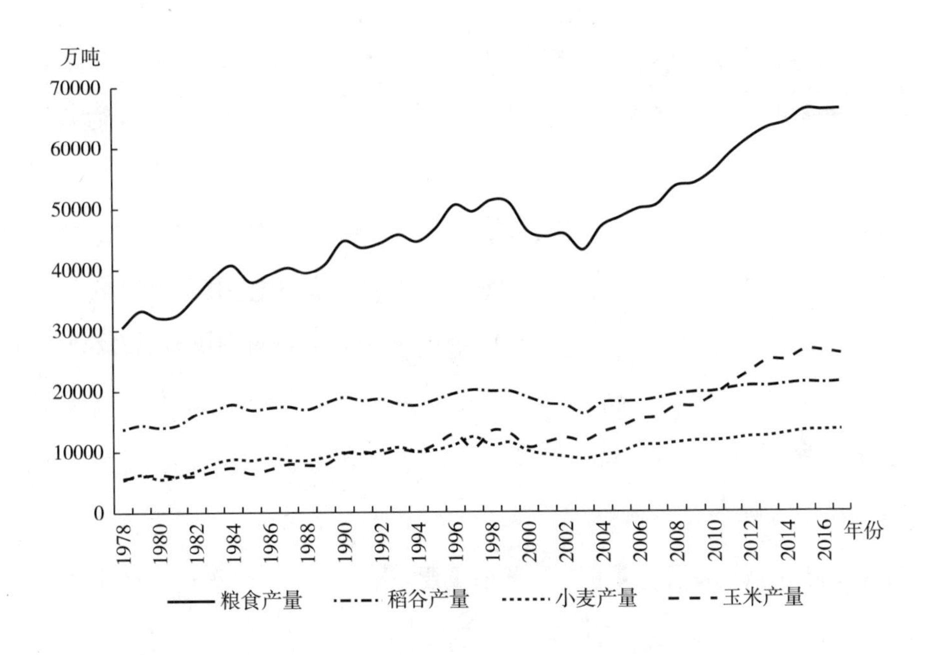

图2-1 1978~2017年中国主要粮食作物产量变化

2.1.2 中国粮食生产面临的资源环境约束

粮食产量的稳步提升并不代表中国粮食生产情况的乐观。中国是典型的农业资源约束型国家，粮食生产也面临着诸多的资源环境问题，其中，耕地资源和水资源是粮食生产的基础资源，二者在投入量和投入质量方面的问题是粮食生产面临的主要资源环境约束。而水资源作为农业生产必不可少的投入要素，其不可再生性与稀缺性对粮食生产的制约引起了学术界越来越多的重视。2017年，农业用水占全国总供水的62.32%（《中国水资源公报》，2017）。在农业用水中，灌溉用水一般占据90%的比例。然而在自然条件和社会环境变化的背景下，农业灌溉用水面临着严峻的形势。无论是全球气候变化，还是工业化、城镇化的推进都为农业水资源利用带来了挑战，保证农业灌溉用水总量、提高农业灌溉用水效率仍然任重道远。

（1）耕地面积下降，种植空间被压缩。改革开放以来，全国范围内粮食作物播种面积呈下降趋势（见图2－2）。1978～2003年，全国粮食作物播种面积大幅下降，2003年跌破了1亿公顷。2004年随着生态退耕工程的完成，耕地面积虽有所恢复，但速度缓慢，粮食作物的种植空间扩展面临巨大的压力。城镇化和工业化进程的加速对农业耕地资源的挤占是主要原因之一，此外，随着城乡收入差距的扩大，农民种粮收益降低，非农就业增加，水稻“双改单”、粮食作物改经济作物的现象增多，粮食作物种植空间被压缩。虽然随着农业现代化水平和科技水平的逐步提高，粮食作物增产由传统的依赖要素投入尤其是耕地资源投入，转向生产效率提高和技术水平进步，但保障耕地资源的数量和质量仍然是粮食产量稳定增长的重要因素。

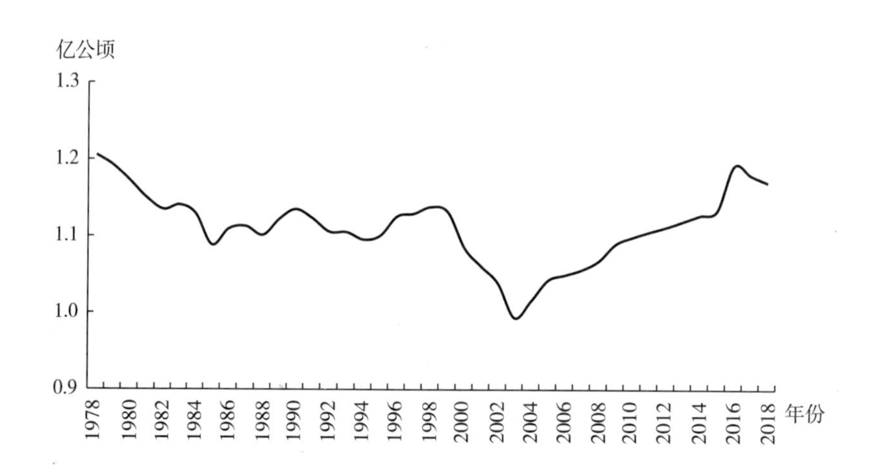

图2－2　1978～2018年中国粮食作物播种面积

（2）农业面源污染严重，耕地质量退化。虽然农业生产的高投入、高消耗能够在一定程度上提高农产品的产量，满足人们日益增长的农产品需求，但同时也导致了比较严重的与农业相关的污染。由于对农业面源污染没有足够的监管与重视，没有明确的污染处理途径，农业相关的污染比工业污染的治理难度更大，任务更迫切。其中化肥和农药的滥用是农业污染最主要的来源。2015年，中国在农业生产过程中的化肥施用量约是1978年化肥施用量的8倍。我国已成为世界上最大的化肥生产国和消耗国。与此同时，我国农药施用量也比1978年增加了近3倍，使用农药量远高于各国的平均水平（2.5倍）。虽然治理农业面源污染已经成为“十二五”规划的重要目标之一，但中国农业增长所面临的资源、环境问题越来越突出，农业可持续发展面临着严峻挑战，这一问题导致的严重后果之一就是中国耕地质量的严重退化。对化肥的过度依赖和长期过量投入会损耗土壤有机物、降低土壤保水能力，并导致土壤酸化、土质结构破坏、土壤板结等质量退化问题。高质量的耕地资源在城镇化进程中被占用是我国耕地状况不断恶化的另一原因，这已严重影响到我国耕地的生产能力。

（3）农业水资源紧缺，用水压力增加。无论是从水资源总量，还是从人均水资源占有量来看，中国都是水资源短缺的国家，中国的人均淡水资源拥有量不足世界水平的1/4。即使在水资源丰富的地区，水资源总量也仅为理论上的供水能力，还需通过水利设施的建设或水利工程提取利用。农业作为用水大户，面临着诸多问题。农业水资源不仅面临总量的短缺、供给紧张，还受到工业和生活用水的挤占，而水资源的污染加重了农业用水的紧张情况。与此同时农业用水也存在浪费情况，提高农业用水效率势在必行。本书在接下来的章节中，对农业灌溉用水所面临的情况做了详细的阐述。

2.2 农业用水面临的问题

2.2.1 农业水资源紧缺的现实

中国农业用水面临紧缺的现实状况。2017 年，中国人均水资源拥有量为 2074.53 立方米，远低于世界平均水平（约 8800 立方米/人），因人均水资源拥有量已逼近国际水资源严重短缺警戒线（1700 立方米/人），中国被联合国列为世界上最贫水的 13 个国家之一（黄莺，2011）。中国水资源概况如表 2－1 所示，2015 年水资源总量为 27962.60 亿立方米，总量水平低于俄罗斯、巴西和加拿大，地表水资源总量约为地下水资源的 3 倍。水资源总量中，60% 为汛期洪水，实际能够开发利用的水资源仅为 14300 亿立方米左右（王学渊，2008）。能够开发利用的水资源总量仅为理论供水潜力，需大量水利工程的建设和完善，才能转化为实际工程供水。开发利用现状为，开发难度低的水资源大部分已在利用，而继续扩大供水的难度和成本持续攀升。在全国供水总量中，地下水供水占比持续下降（见表 2－2）。

2.2.2 非农行业用水对农业用水的挤占增加

在水资源总量不足、供水形势严峻的情况下，中国用水总量呈上升的态势。自 1949 年以来，用水总量从 1031 亿立方米，上升到 2017 年的 6043.40 亿立方米，是 1949 年用水总量的 5.96 倍。中国水资源分配主要包括农业用水、工业用水、生活用水和生态用水，其中农业部门一直是用水大户和水资源消耗的主体。2017 年，农业用水量高达 3766.4 亿立方米，在三大用水部门中占62.32%，其余用水部门的用水量占比分别为，工业用水占21.13%，生活用水占13.87%，生态用水占2.68%。然而，随着工业化、城镇化进程的加快，工业用水需求和城市用水需求的增加给农业水资源利用带来了压力，尤其是粮食生产用水的形势更加严峻。

表2-1　2000~2018年中国水资源概况

年份	水资源总量（亿立方米）	地表水资源总量（亿立方米）	地下水资源总量（亿立方米）	地表水与地下水资源重复量（亿立方米）	人均水资源量（立方米/人）
2000	27700.80	26561.90	8501.90	7363.00	2193.87
2001	26867.80	25933.40	8390.10	7455.70	2112.50
2002	28261.30	27243.30	8697.20	7679.20	2207.22
2003	27460.19	26250.74	8299.32	7089.87	2131.34
2004	24129.56	23126.40	7436.30	6433.10	1856.29
2005	28053.10	26982.37	8091.12	7020.40	2151.80
2006	25330.14	24358.05	7642.91	6670.82	1932.09
2007	25255.16	24242.47	7617.17	6604.49	1916.34
2008	27434.30	26377.00	8122.00	7064.70	2071.05
2009	24180.20	23125.21	7267.03	6212.07	1816.18
2010	30906.41	29797.62	8417.05	7308.25	2310.41
2011	23256.70	22213.60	7214.50	6171.40	1730.20
2012	29526.88	28371.35	8416.12	7260.64	2186.05
2013	27957.86	26839.47	8081.11	6962.75	2059.69
2014	27266.90	26263.91	7745.03	6742.04	1998.64
2015	27962.60	26900.80	7797.00	6735.20	2039.25
2016	32466.40	31273.90	8854.80	7662.30	2354.92
2017	28761.20	27746.30	8309.60	7294.70	2074.53
2018	27960.00	—	—	—	—

数据来源：国家统计局，http：//data. stats. gov. cn/。

表 2-2　1999~2017 年中国供水情况

年份	供水总量（亿立方米）	地表水供水总量（亿立方米）	地下水供水总量（亿立方米）	其他供水总量（亿立方米）	地下水供水量占比（%）
1999	5613.33	4514.22	1074.63	24.28	19.14
2000	5530.73	4440.42	1069.17	21.14	19.33
2001	5567.43	4450.65	1094.93	21.85	19.67
2002	5497.28	4404.36	1072.42	20.49	19.51
2003	5320.40	4286.00	1018.10	16.30	19.14
2004	5547.80	4504.20	1026.40	17.20	18.50
2005	5632.98	4572.19	1038.83	21.96	18.44
2006	5794.97	4706.80	1065.52	22.70	18.39
2007	5818.67	4723.90	1069.06	25.70	18.37
2008	5909.95	4796.42	1084.79	28.74	18.36
2009	5965.15	4839.47	1094.52	31.16	18.35
2010	6021.99	4881.57	1107.31	33.12	18.39
2011	6107.20	4953.30	1109.10	44.80	18.16
2012	6141.80	4963.02	1134.22	44.55	18.47
2013	6183.45	5007.29	1126.22	49.94	18.21
2014	6094.88	4920.46	1116.94	57.46	18.33
2015	6103.20	4971.50	1069.20	62.50	17.52
2016	6040.16	4912.40	1057.00	70.85	17.50
2017	6043.40	4945.50	1016.70	81.20	16.82

数据来源：国家统计局，http：//data.stats.gov.cn/。

图 2-3 反映了中国水资源利用结构，直观展示了各部门用水的占比情况。可以看出，农业用水的比例总体呈下降的趋势，由 1949 年的 97.09% 降至 2017 年的 62.32%，与此同时，其他部门用水所占的比例总体呈上升趋势，工业用水占比上升了 18.80 个百分点，生活用水占比上升了 13.29 个百分点。为了维护自然环境的生态功能，自 2003 年以来，划拨出生态用水部门，虽然占比不多，但有稳态上升的趋势。生态用水占比由 2003 年的 1.49% 上升到 2017

年的2.68%。总而言之，随着经济和社会的发展，中国水资源利用的格局正悄然改变，在水资源总量有限的情况下，农业用水虽然维持了60%的占比，但不断受到其他用水部门的挤占。根据世界水资源利用的情况，随着工业化和城镇化水平的不断提高，工业用水和生活用水比例预计仍将不断提高，这给农业部门用水带来了剧烈冲击。

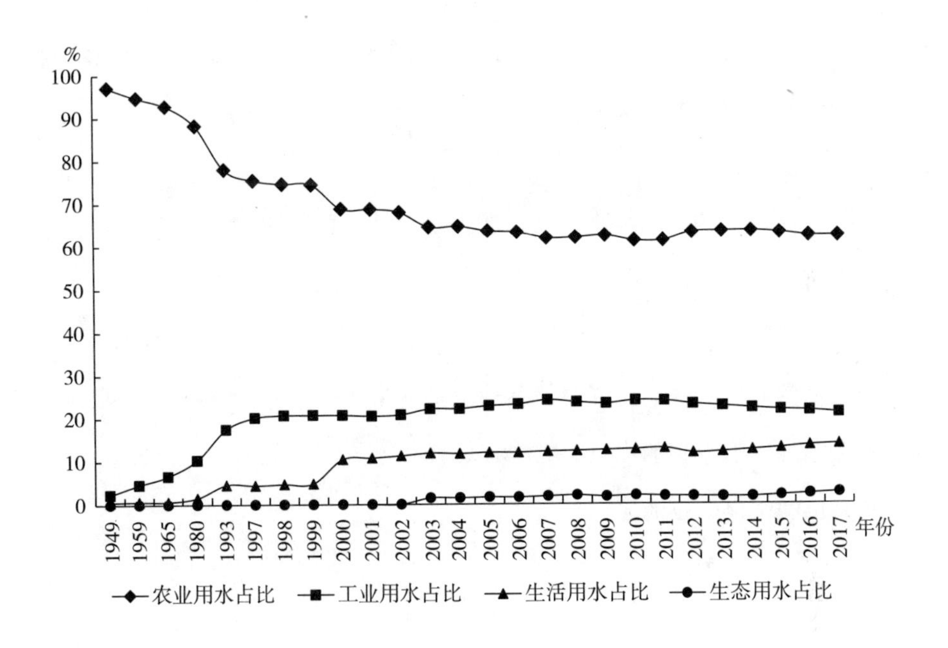

图2-3　中国各部门用水占比

2.2.3　水土资源空间分布不匹配

中国幅员辽阔，地理和气候条件复杂，各地理区域差异大，耕地和水资源在空间上分布极为不均。总体特征为北方地区地多水少，而南方地区地少水多。这种水土资源的组合格局加剧了农业灌溉用水的严峻形势，使水资源的供需矛盾更为突出。

受季风气候的影响，中国水资源空间分布失衡，总体上呈现从东南沿海到西北内陆逐渐减少的态势。根据《中国水资源公报》，2015 年南方四区（长江区含太湖流域、东南诸河区、珠江区、西南诸河区 4 个水资源一级区）水资源总量达到 23229.10 亿立方米，占全国水资源总量的 83.1%；而北方六区（松花江区、辽河区、海河区、黄河区、淮河区、西北诸河区 6 个水资源一级区）水资源总量仅为 4733.50 亿立方米，占全国的 16.9%，不足全国水资源总量的 1/5。从耕地资源来看，北方地区耕地面积为 7390 万公顷，占全国耕地总面积的 56.86%，南方地区耕地面积为 5170 万公顷，仅占全国耕地面积的 39.75%。

此外，从降水的时间维度来看，北方干旱地区的降水集中期为 2～3 个月，而南方降水集中期可长达 6～7 个月，南方大部分地区连续最大 4 个月径流量占全国径流量的 60%。然而，降水周期与夏种农作物的生长周期重合，但在春种农作物的需水高峰期，降水量和地表径流量比较少，在数量和时间方面降水均不能满足作物生长的水资源需求，即使在南方四大流域片区，农业生产也常受到春旱和伏旱的影响。

2.2.4 水资源污染引起“质”的缺水

中国水资源污染问题严重，在总量有限的情况下，水资源的污染引起了“质量”方面的缺水，加重了水资源利用的负担。据调查，无论是地表水区域（七大水系、湖泊等）还是地下水区域都受到了不同程度的污染。

在 2017 年对全国河流水质状况进行的评价中，全年Ⅰ类至Ⅲ类水河长占评价河长的 78.5%，Ⅳ类至Ⅴ类水河长占 13.2%，劣Ⅴ类水河长占 8.3%（《中国水资源公报》，2017）。全国地表水总体轻度污染，其中辽河、淮河、黄河、海河等流域有 70% 以上的河段受到了污染。对 123 个主要湖泊的评价中，劣Ⅴ类湖泊有 24 个，占评价总数的 19.5%。处于富营养状态的湖泊占评

价湖泊总数的76.9%（《中国水资源公报》，2017）。

对易受地表或土壤水污染下渗影响的浅层地下水水质的监测结果显示，水质综合评价结果总体较差。水质极差、较差、良好、优良的监测站比例分别为14.6%、61%、23.5%和0.9%。“三氮”问题污染严重，部分地区一定程度上存在重金属和有毒有机物污染。

中国水资源污染严重，受到三方面因素的影响，三类主要用水主体既是水资源的消耗者，也是破坏者。第一，工业污染是污染物的最大来源。即使在理想的条件下，工业实现合理布局，污水排放全部达到标准，处理后排放的污水也是超Ⅴ类的。第二，距中国城市生活污水完全实现处理后排放仍有很长一段时间。第三，面源污染，即农业生产过程中施用的化肥和农药，以及水土流失造成的氮、磷等污染。

2.2.5　农业用水浪费

中国农业用水不仅存在供给总量下降、受到其他部门挤占等问题，而且农业用水的浪费现象还非常严重，主要体现在农业生产的耗水强度大和节水灌溉水平低两方面。提高农业用水效率势在必行。

首先，农业生产对水资源的消耗强度大。农田大水漫灌仍然是大部分区域主要灌溉方式，农业灌溉用水的效率低。数据显示，中国单位农业增加值耗水量是工业增加值的15.06倍（中国科学院可持续发展战略研究组，2006），说明农业水资源利用相对于其他行业来说，还比较粗放。与其他发达国家相比，中国水资源浪费情况更严重，中国单位农业增加值耗水量是以色列的275.43倍、英国的96.40倍、法国的31.61倍、澳大利亚的6.28倍、美国的2.15倍、日本的1.42倍（王学渊，2008）。

其次，节水灌溉水平仍需提升。一方面，农村灌溉和水利等基础设施年久失修、节水灌溉技术的推广有待加强，导致在输水和用水过程中的水利用效率低下。目前，中国农田灌溉水有效利用系数为0.532，表明每立方米的水资源仅有0.532立方米被农作物吸收利用，与发达国家0.7至0.8的利用系数差距很大。另一方面，在节水灌溉技术上，截至2003年，中国常规地面灌溉的比例仍占85%以上，喷灌和滴灌所占比例仅为5%左右，采用低压管灌溉的比例占8%左右，节水灌溉中所蕴含的科技含量不高。而发达国家在节水灌溉方面的高新技术含量占60%～70%（王浩，2007）。

综上所述，中国农业用水正面临着严峻的形势，并伴有总量短缺和结构型缺水同时存在，以及水资源稀缺与污染浪费并存的矛盾。作为粮食生产的关键投入要素之一，农业水资源的短缺将对国家粮食安全产生影响，提高农业水资源利用效率势在必行。

2.3 劳动力资源在粮食生产灌溉中发挥的作用

"国以农为安，农以水为重。"农业发展，尤其是粮食生产，自古以来就是政权稳定、社会发展的基础，而水利和灌溉是农业发展的重中之重。从水利工程等灌溉基础设施来看，充沛的劳动力和资本投入是水利建设发展的基石，农村劳动力在水利建设中具有独特的优势和不可替代性。从灌溉的田间管理来看，农户对灌溉方式的选择受到农户家庭劳动力多寡的影响和家庭资本的约束。譬如在地表水灌溉中，需要有一定量的劳动力负责对水利设施进行管理和维护、疏通水道，在放水时需要劳动力引水入田。又如地下水灌溉，需要劳动力对机井进行看管和维护，在抽水灌溉时需要人工操作、引水入田。此外，劳动力的综合素质也影响其对新的灌溉节水技术和管理形式的接受程度。因此，本节从水利建设、节水灌溉和参与式管理方面阐述劳动力资源在粮食生产灌溉

中的重要作用。

2.3.1　劳动力投入对中国水利建设历史发展至关重要

中国是世界上兴修水利最早的国家，古代兴修水利工程的劳动力一般由士兵和民夫组成，这些最早的水利设施是古代劳动人民创造的伟大工程，凝聚着大量劳动人民的辛勤汗水、智慧和创造力。按照传统的水利建设规模和技术特点，中国水利建设的历史发展大致可分为四个时期：大禹治水至秦汉时期是防洪治河、修建运河、各类型灌排水工程的建立和兴盛时期；三国时期至宋代属于传统水利建设高度发展时期；元、明、清代是水利建设普及和传统水利的终结时期；近现代时期是中国水利建设恢复和大发展时期。每个时期的水利建设与发展都离不开大量的劳动力投入，水利建设是一项劳动力密集型活动，而又对农业灌溉用水起到最直接的作用。

早在五千年前，孔子就赞扬大禹“卑宫室，而尽力乎沟洫”，意为大禹居住在低矮的宫室但尽力兴修沟渠水利。春秋战国时期，由于生产力得到提高，灌溉排水也经历了较大的发展。最著名的为秦国蜀郡守李冰主持修建的都江堰，使成都平原成为“沃野千里，水旱从人”的“天府之国”。而灌溉排水工程经历的第一次大发展则在秦汉时期，秦朝修建的郑国渠号称“灌田四万顷”，使关中地区成为最富饶的地区。汉武帝时又引渭水开了漕运和灌溉两用的漕渠、龙首渠和成国渠。唐朝“安史之乱”后经济中心南迁，江浙一带农田水利工程迅速发展，提水工具有所改进，灌溉技术得以发展。明、清时期全国人口有了较大增长，促进了水利的大发展。南方珠江流域、北方京津地区以及西北和西南边疆地区的农业灌溉发展迅速。19 世纪中期以后，由于帝国主义入侵和连年战争，近代水利处于停滞状态，且日趋衰落，直到 1930 年前后才稍有恢复。1949 年新中国成立后，水利建设得到大规模发展，防洪除涝、农田灌溉等方面都取得了一定的成就。而近代“南水北调”和“西线工程”

是著名的水利工程，缓解了中国西北地区和华北部分地区干旱缺水的问题。

纵观水利工程建设的历史发展，可以看出水利工程是农业发展的关键，而农业发展是政权和社会稳定发展的基础；相应地，只有政权和社会稳定后，拥有一定的人力和财力基础，才能进行大规模的水利建设。充沛的劳动力和资本投入是水利建设发展的基石。古代修建水利工程的劳动力投入，一般都是数以万计。例如《河渠书》中记载，汉孝文帝时曾“发卒数万人作渠田”“发卒万余人穿渠，自征引洛水至商颜山下”。另有一部分士兵专修渠道管理灌溉，汉时屯田地区有“田卒”和“渠卒”。1978 年后，尤其在取消了“劳动积累工”和“义务工”之后，在各种水利工程的建设过程中专业施工队伍和设备逐渐取代了传统的义务工，但水利工程队伍通常在本地招募劳动力参与工程建设，农村劳动力依然是水利建设的重要力量。

农村劳动力在水利工程建设过程中有着独特的优势和不可替代性。农村的水利设施位置多地处偏僻、难以维护和管理，经过风吹日晒后容易老化，需要大量的维护和修理成本。本地农民无论是在水利工程施工方面，还是在日常管护工作中，都具有地域和技术上的优势。农村劳动力的大量转移有可能造成投工、投劳不足，导致灌溉系统荒废、灌溉能力减弱等问题，而基础设施的滞后，又使更多的农村青壮年劳动力放弃农业生产，外出务工，形成恶性循环。

2.3.2 劳动力素质提升有利于中国节水灌溉发展

自 20 世纪 50 年代以来，中国节水灌溉平稳发展，农村劳动力作为节水灌溉的实施者，其素质提升与节水灌溉有紧密的联系。从节水灌溉面积来看，根据国家统计局数据，2017 年节水灌溉面积达到 34319 千公顷，是 21 世纪初 2000 年（16389 千公顷）的 2.09 倍。从节水灌溉技术方面来看，截至 2005 年底，农田有效灌溉面积 8.48 亿亩，节水灌溉工程面积为 3.20 亿亩（《节水灌溉技术规范》规定的较低的标准），其中耕地运用的节水灌溉工程面积占 2.95

亿亩，非耕地（林、果、草）约占0.25亿亩。耕地节水灌溉工程中，传统的渠道防渗技术占据主要的位置，面积达到14490万亩，其次为低压管灌溉（9902万亩）、喷灌（4181万亩）和微灌（930万亩）。

从节水灌溉机械投入来看，2015年全国平均节水灌溉类机械投入达到67974.19套。图2-4反映了中国各省市区（不包括台湾、香港、澳门）在2002~2012年平均节水灌溉类机械投入的数量，山东、安徽、河南、辽宁等粮食生产的主要区域在全国各省中领先。尤其是山东省，其节水灌溉类机械投入约是排名第二的安徽省的2.5倍。而在同样的时期内，粮食主要生产区域的农业从业人员总数在全国排名中位于前列，河南省（2962.05万人）居全国第一，山东省（2066.12万人）位居第三，安徽省（1670.36万人）位居第五。从劳动力素质来看，该时期内山东省农村劳动力平均受教育年限为8.74年，在全国排名第五，仅次于北京、上海、天津和河北，在粮食主产区各省中遥遥领先。

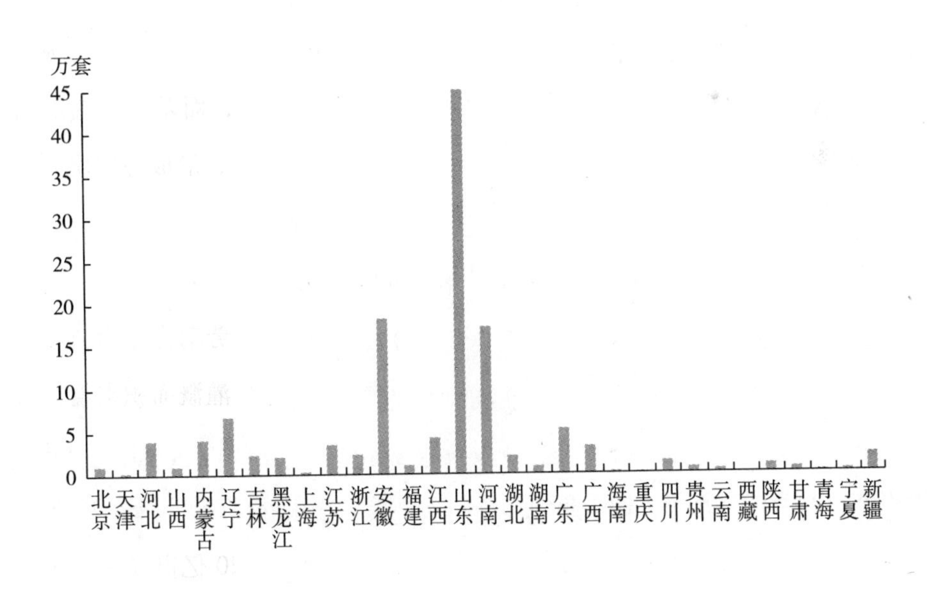

图2-4 2002~2012年各省（市、区）平均节水灌溉类机械投入

节水灌溉的技术采纳与农业劳动力的关系更为密切，是农户对灌溉行为管理的主要体现，因此，农业劳动力的素质和个体特征尤为重要。在对中国农村的实地考察中，刘红梅等（2008）对全国九省 1968 户农户的节水灌溉技术行为进行了分析，结果发现农户的文化水平越高，越有可能采用节水灌溉技术，反映了农村劳动力的素质提升在节水灌溉技术推广中的重要性。尤其是现代节水灌溉技术，例如低压管灌溉、喷灌、微灌技术等，接受了高中教育的农户更有可能选择现代农业节水灌溉技术，而初中水平和小学水平的农户在技术选择方面没有显著差异（韩青等，2004）。可以看出，提高农村劳动力整体素质对灌溉节水技术的采纳具有促进作用。

2.3.3 劳动力资源与农村参与式灌溉管理模式的发展

经济学角度的灌溉用水效率最终考察的是实施者对灌溉的管理能力，因为水资源管理不善是用水效率低、灌溉系统效果差等问题的重要原因之一（Meinzen - Diek 等，2002）。目前，国际上对灌溉管理进行改革所采取的重要模式之一就是参与式灌溉管理。在宏观调控的引导下，应让用水农户加入灌区建设和管理中，根据市场经济的规律，因地制宜地经营和管理灌区，促进灌区的有效运行。现有灌溉管理改革中，农民用水协会是改革的主要模式之一，此外还有承包、股份合作制、租赁等模式。从 21 世纪初开始到现在，中国已有 19 个省份、80 多个灌区开展改革试点工作，成立了近 2000 个用水协会。

作为参与式灌溉管理的主体，农户通过投入一定的人力和物力成本，参与到灌溉管理的互助合作事项中，在灌溉的工程管理和用水上能够获得规模性的收益，如增加用水的及时合理性和减少水费支出等（刘静等，2008）。投入的成本主要是劳动力数量，还有组建用水协会的谈判成本和保障用水协会运行的组织、协调、监督等成本（张兵等，2009）。

农村劳动力的数量和质量，以及家庭劳动力从事非农就业的比例，都影响了农户参与式灌溉管理的意愿（高虹等，2003；苏林等，2007），但参与式灌溉管理对灌溉用水效率的影响有待进一步观察，可能农户对灌溉管理的民主参与行为并没有达到节约用水的目标（韩青等，2011）。

2.4 农村劳动力非农就业的历史演进、发展现状及基本特征

中国是世界上人口最多的国家，而且一直是农业大国，中国农村蕴含着丰富的人力资源。随着时代的进步和科学的发展，尤其农业现代化的不断推进，大量农村劳动力得到解放。改革开放前，由于施行严格的户籍制度和城乡二元经济体制，限制了农村劳动力的流动。1978 年，中国农村劳动力非农从业人员总数为 2181.4 万人，仅占农村劳动力从业人员总数的 7.12%。随后，伴随着改革的历史进程和各项农村改革的深化，尤其是计划经济被打破、城乡二元经济结构改革和家庭联产承包责任制的实施，农村的剩余劳动力逐渐向非农部门流动，并在 20 世纪 90 年代迅速增长，出现“民工潮”现象。21 世纪以来，农村劳动力从事非农就业的比例持续上涨，本节将描述并分析农村劳动力非农就业的历史演进、发展现状及基本特征。

改革开放以来，中国农村劳动力非农从业人数占农村劳动力从业人员总数的比重总体呈波动中上升的趋势（见图 2－5）。中国农村劳动力转移进程在这一时期大致可分为 21 世纪前后两个阶段。可以看出，1978～2000 年，农村非农从业人员的占比波动幅度较大，但总体呈上升趋势，数量增加和增速均不稳

定；21 世纪伊始，农村劳动力非农转移呈现出持续、稳定发展的特征①。

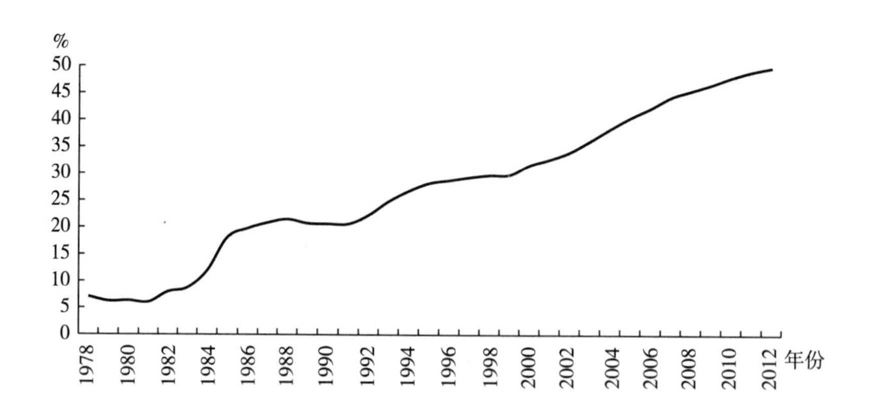

图 2－5　1978～2012 年中国农村劳动力非农从业人数所占比重的变化情况

2.4.1　中国农村劳动力非农就业的历史演进

长久以来，劳动力和资本投入是保证农业灌溉用水和加强水利建设的两项重要投入。无论是防洪治河、修建运河、各种类型的灌溉和排水工程等水利建设，还是农户家庭农业生产的灌溉环节管理，均需要投入大量人力和物力，劳动力和资本投入在农业灌溉中占据了重要位置。改革开放以来，随着家庭承包经营制度的推行，大量农村劳动力得以从单纯依赖土地资源状态中解放出来，向城市和非农产业转移。随着农村劳动力非农就业的规模持续扩大，2015 年底，中国农民工总量达到 27747 万人，比上年增加 352 万人，增长 1.3%（《2015 年农民工监测调查报告》，2016）。大量农村劳动力转移至非农部门，不仅引起了劳动力资源在数量和质量方面的变迁，更改变了农村居民的家庭收入结构和来源。劳动力非农就业带来的“劳动力损失效应”和“收入效应”

① 自 2013 年以来，国家统计局不再统计乡村从业人员、农林牧渔从业人员两项数据。

也将对农业灌溉用水和水利建设的劳动力和资本投入产生影响，最终体现在灌溉用水效率上。

（1）1978 ~ 1983 年为起始阶段。这一阶段，土地制度和户籍制度在中国广袤的农村进行大刀阔斧的改革，这是劳动力在农村转变的开端。1978 年，农村土地承包制度开始进行变革，农村逐步实行了家庭联产承包责任制，打破了之前人民公社制度下平均主义（大锅饭）的分配原则，提高了农民从事农业生产的积极性，农业生产率得到提升，粮食产量所有增加。这一阶段，政策鼓励农村劳动力内部流动，而非向城镇转移。加之农产品价格较高，农民从事农业生产活动的收益好，因而对从事非农就业的积极性不高，劳动力转移的规模较小，且转移速度缓慢。1978 年农村劳动力转移人数约为 2180 万，1983 年约 3045 万。农村从事非农工作的劳动力数量在五年内的年增长率仅为 5.7%。

（2）1984 ~ 1988 年为快速发展阶段。1984 年开始，粮食短缺问题基本解决，粮食生产有所盈余，农村剩余劳动力数量增多。与此同时，乡镇企业的快速发展壮大为劳动力非农就业提供了主要的渠道。这一时期非农就业的劳动力比 1983 年多 2500 万人，劳动力转移的规模平均每年增长约 23%，农村非农就业收入的比重也由 1985 年的 18.16% 增加到 1988 年的 21.62%。

（3）1989 ~ 1991 年为劳动力停滞阶段。这一时期劳动力转移经历了 1978 年以来的低谷期，原因主要有三点：一是该时期国民经济出现过热、通货膨胀的问题，国家出台了一系列政策对乡镇企业进行治理整顿，减少了农村劳动力非农就业的机会。二是前一阶段农村劳动力转移的规模空前增加给城市带来了预想不到的负面影响，因此新的政策对劳动力转移至城市进行了控制和管理。三是城市针对进城务工劳动人员的社会保障等制度尚不完善，部分转移出去的劳动力开始回流。因此，在这三年的低谷期内，农村劳动力转移规模小，劳动力非农就业人员累计为 296 万，转移速度慢，几近出现停滞。

（4）1992 ~ 2000 年为恢复中稳定发展阶段。这一时期劳动力转移呈现恢复中快速发展的态势。由于国民经济开始高速增长，农村劳动力转移也开始打破僵局并出现加速的态势。此外，劳动力转移的政策由上一阶段的管控、限制逐渐向鼓励、引导方向过渡，在国家宏观调控下，劳动力有序转移，速度相对稳定，1993 年 5000 万 ~6000 万名农村劳动力选择外出务工。

（5）2001 年至今为深入推进阶段。21 世纪以来，农村人口总数和第一产业从业人员总数均有所下降，说明农村劳动力转移进入了新的阶段。跨区域流动的劳动力达到 1.5 亿人，成为不可忽视的力量。此阶段国家相继出台了政策和意见支持非农就业。国家统筹发展，积极鼓励非农就业在城镇的发展，促进我国城镇化进程。例如，完善户籍制度、加大农村人力资本投入、解决农民工子女的教育问题和在城市的住房问题、实施农村劳动力转移的培训工程、提出“工业反哺农业、城市支持农村”的政策等。2011 年后，我国非农就业的形势发生明显改变。受 2008 年金融危机的影响，加之国家重视新农村建设，城市“民工荒”和农民工返乡创业的潮流首次出现。同时，农村劳动力非农就业暴露了一系列社会问题，如“空心村”、农村人口老龄化、“留守儿童”等。这一系列问题使得非农就业的形势第一次走在十字路口，如何在推进城镇化建设、转移农村劳动力的同时改善农村出现的状况显得迫在眉睫。总的来说，这一时期农村劳动力转移不断深入推进，非农就业的环境得到了改善，但同时非农就业也产生了一些亟待解决的农村社会问题，需要各级政府与社会共同参与解决。

2.4.2 中国农村劳动力非农就业的发展现状及基本特征

（1）劳动力非农就业规模持续扩大，但增速有所减缓。近年来，中国农民工总量持续上升，2018 年达到 28836 万人，在 2008 年的基础上增加了 27.92%，但是增长速度有所放缓，增速由 2010 年的 5.42% 平稳降至 2018 年的 0.64%（见表 2-3）。本地农民工（在户籍所在乡镇地域以内从事非农工

作的农民工）和外地农民工（在户籍所在乡镇地域外从事非农工作的农民工）总量均有所增长，其中本地农民工所占比例正悄然上升。尤其是近几年来，外地农民工增速明显放缓，反映出农村劳动力越来越倾向于在本地从事非农就业的趋势。

表2－3 2008～2018年中国农民工总量及结构

年份	2008	2009	2010	2011	2012	2013	2014	2015	2016	2017	2018
农民工总量（万人）	22542	22978	24223	25278	26261	26894	27395	27747	28171	28652	28836
总量增速（%）	—	1.93	5.42	4.36	3.89	2.41	1.86	1.28	1.53	1.71	0.64
外出农民工（万人）	14041	14533	15335	15863	16336	16610	16821	16884	16934	17185	17266
本地农民工（万人）	8501	8445	8888	9415	9925	10284	10574	10863	11237	11467	11570
本地占比（%）	37.71	36.75	36.69	37.25	37.79	38.24	38.60	39.15	39.89	40.02	40.12

数据来源：2008～2018年《全国农民工监测调查报告》。

（2）非农就业人员具有选择性，以较高素质劳动力为主。所谓选择性，是指在从事非农工作的农村劳动力中，出现青壮年劳动力和受教育程度相对较高的劳动力率先转移的现象。农村劳动力的选择性改变不仅使劳动力总量有所减少，而且会降低从业者的整体素质。国家统计局每年发布的《全国农民工监测调查报告》（见图2－6）显示，中国农村非农就业人员以青壮年为主，21～30岁的青壮年劳动力所占比例最高，其次为31～40岁和41～50岁的劳动力。在农村非农就业人员中，50岁以下的劳动力占80%以上的比例。此外，41～50岁和50岁以上的劳动力所占比例有上升的趋势。总体而言，16岁以上农民工年龄阶层差距正逐步缩小。

此外，该报告还显示（见表2－4），中国农村非农就业人员中初中文化的劳动力占60%左右，而小学文化及以下的劳动力仅占15%左右，二者占比呈缩减趋势，高中及以上学历的外出务工人员比例正逐渐增加。说明受教育水平

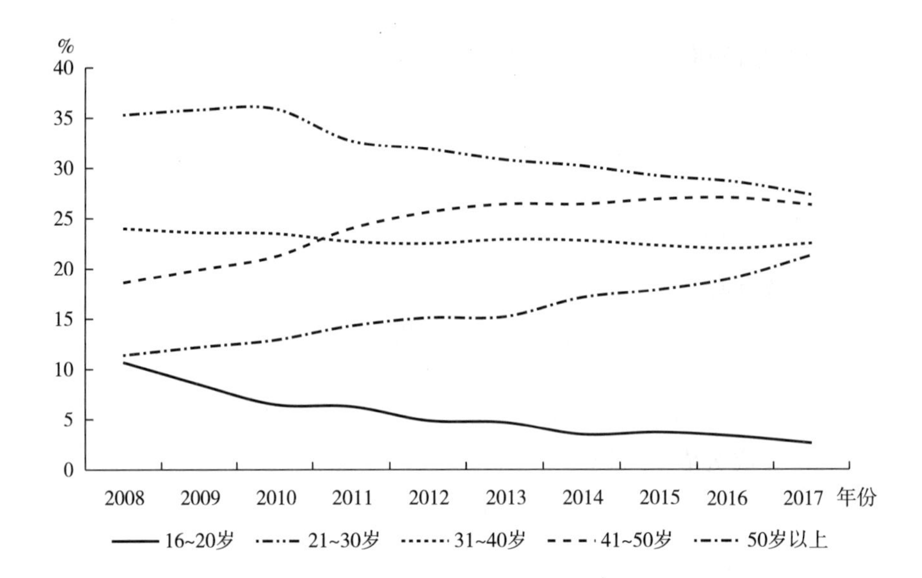

图 2-6　2008~2017 年中国非农就业人员年龄构成

表 2-4　2010~2017 年农民工文化程度构成　　单位:%

年份	农民工合计			外出农民工			本地农民工		
	小学及以下	初中	高中及以上	小学及以下	初中	高中及以上	小学及以下	初中	高中及以上
2010	13.6	61.2	25.2	—	—	—	—	—	—
2011	15.9	61.1	23	20.5	59	20.5	11.6	62.9	25.5
2012	15.8	60.5	23.7	20.4	58.9	20.7	11.5	62	26.5
2013	16.6	60.6	22.8	12.8	62.8	24.4	20.5	58.4	21.1
2014	15.9	60.3	23.8	12.4	61.6	26	19.7	58.9	21.4
2015	15.1	59.7	25.2	11.7	60.5	27.9	18.5	58.9	22.6
2016	14.2	59.4	26.4	10.7	60.2	29.1	17.5	58.6	23.9
2017	14	58.6	27.4	10.4	58.8	30.8	17.3	58.5	24.2

数据来源：2010~2017 年《全国农民工监测调查报告》。

对中国农村劳动力从事非农工作有影响，受教育水平高的劳动力更有可能从事非农工作。对比外出务工的劳动力和本地务工的劳动力，受教育程度在小学及以下的劳动力有倾向于在本地从事非农工作的趋势，2017 年在外出务工的劳动力中，初中及以上文化水平的劳动力占 89.6%，高于本地农民工中同等文化水平的比例（82.7%）。

（3）农村劳动力兼业化特征日趋明显。前文也提到，本地非农就业的农村劳动力总数有所上升，而通常本地非农就业的劳动力更有能力兼顾农业生产和非农就业。此外，国家统计局数据还显示（见图 2－7），农村家庭居民人均第一产业收入比重总体呈下降趋势，说明非农收入在农民收入中占据了日益重要的位置，并成为农户的主要收入来源，侧面反映出农户的兼业经营水平较高。

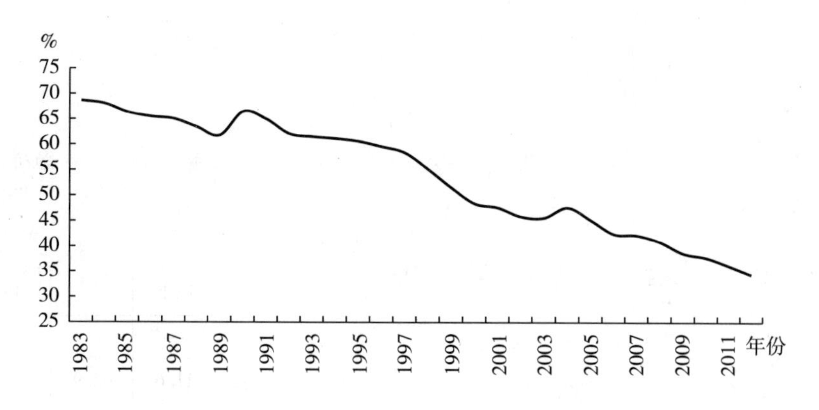

图 2－7　中国农村家庭居民人均农、林、牧、渔业纯收入比重

2.5　本章小结

中国粮食生产经历了波动中增长、低谷期和恢复中快速发展的阶段，与改革开放初期相比，粮食生产得到极大的发展，粮食产量翻了一番。但值得注意的是，粮食生产也面临着严峻的资源约束，主要是耕地和水资源的刚性约束。作为粮食生产最基础的自然资源，耕地资源和水资源的短缺和污染问题使中国粮食安全面临巨大挑战。1978 年以来，中国粮食作物播种面积呈下降趋势，在 2003 年跌破 1 亿公顷，粮食作物的种植空间扩展面临巨大的压力，而且化肥和农药的过度使用造成了严重的农业面源污染，耕地质量退化。农业用水也面临众多问题。目前，中国水资源存在总量的短缺，农业作为用水大户，农田灌溉用水一般占农业用水的 90%。虽然农业是用水大户，但是随着工业化、城镇化的推进，农业用水不断受到非农行业用水的挤占，农业用水所占比例总体呈下降的趋势。对于粮食生产来说，水土资源在空间上的不匹配和水资源污染的严重增加了灌溉用水的困难和需求。在粮食生产灌溉用水面临“质”和“量”的短缺时，农业用水存在着严重的浪费，如何提高农业水资源利用效率迫在眉睫。

此外，本章还阐述了劳动力资源与农业灌溉的关系。从水利工程等灌溉基础设施来看，充沛的劳动力和资本投入是水利建设发展的基石，农村劳动力在水利建设中具有独特的优势和不可替代性。从灌溉的田间管理来看，农户对灌溉方式的选择也受到农户家庭劳动力多寡的影响和家庭资本的约束。劳动力的综合素质也影响其对新的灌溉节水技术和管理形式的接受程度。

然而改革开放以来，农村劳动力所面临的巨大社会变革改变了劳动力资源形式。伴随着改革的历史进程和各项农村改革的深化，尤其是计划经济被打破、城乡二元经济结构改革和家庭联产承包责任制的实施，农村剩余劳动力逐渐向非农部门流动，并在 20 世纪 90 年代迅速增长，出现“民工潮”现象。21 世纪以来，农村劳动力从事非农就业的规模不断扩大，而且青壮年劳动力和受教育水平较高的劳动力率先转移至非农部门。此外，农村劳动力兼业化特征也日趋明显。在这种社会背景不断变化的情况下，粮食生产灌溉用水是否会受到影响有待进一步考察研究。

第 3 章　华北地区粮农灌溉用水行为分析

作为微观经济行为主体，农户的经济行为逻辑是非农就业对粮食生产灌溉产生影响的基础。农户作为粮食生产和灌溉活动的主体，其行为选择对于灌溉模式、灌溉效率都有举足轻重的影响。本章主要从农户的角度展开，在构建简单的理论模型基础上，实证分析农户家庭劳动力非农就业对灌溉管理、投入和作物生产的影响。第 3、第 4、第 5 章研究内容具有紧密的逻辑联系，第 3 章和第 4 章的研究内容为第 5 章奠定了基础，阐释了其内在的关系。基于农户地下水灌溉的家庭层面数据，第 3 章侧重农户家庭劳动力非农就业与粮食生产中灌溉用水的总量、频次和投入之间的关系。第 4 章重点阐述了家庭劳动力资源的变化对于农户采纳节水灌溉技术行为的影响，旨在探究家庭劳动力非农就业的“劳动力损失效应”和“收入效应”通过哪些中介变量对粮食生产灌溉发挥作用。第 5 章则在此基础上进一步分析了家庭劳动力非农就业对灌溉用水效率的影响。

3.1 相关概念界定

3.1.1 对农村劳动力和非农就业的界定

本书中农村劳动力是从户籍的角度来进行界定的，指的是户籍所在地为农村并且具有劳动能力的人。衡量劳动者的劳动能力，不仅需要考虑劳动者的身体素质状况，还要考虑其在生产过程中展现出的其他能力。身体素质即体力，受到劳动者性别、年龄和身体状况的影响，而理解力和创造力等能力一般受到劳动者受教育情况、生产经验和技术熟练程度的影响（刘爱华，2015）。

非农就业指劳动力在农业、林业、牧畜、渔业以外的部门从业，农村劳动力非农就业指户籍在农村的劳动力从第一产业向第二产业、第三产业转移就业的现象。根据劳动力非农就业的地点，分为本地非农就业和异地非农就业；本地非农就业指劳动力在户籍所在乡、镇地域范围内从事非农务工或自营活动，异地非农就业是指劳动力在户籍所在乡、镇外的地区从事务工或自营生产活动。

我国农村劳动力非农就业大致经历了起步、快速发展、停滞、恢复和深入推进五个阶段。现阶段，非农就业呈现的特点为规模持续扩大，但增速有所减缓，本地非农就业趋势明显。尤其是近几年来，外地农民工增速明显放缓，反映了农村劳动力越来越倾向在本地从事非农就业的趋势。基于此，本书在本地非农就业和异地非农就业的划分基础上，将从事非农活动的家庭劳动力成员的离农程度纳入考虑范围，将本地非农就业行为定义为家庭劳动力在县级以内的区域参与非农活动，并且一年内归家次数超过五次。异地非农就业行为是指家庭劳动力在县级及县级以上的区域从事非农工作，且一年内归家次数小于等于五次。

3.1.2　节水灌溉技术

节水灌溉技术是为充分利用农业水资源、提高灌溉用水利用率和用水效率、达到农作物高产高效而采取的综合技术措施。它是由农业、工程、管理等环节的技术组成的综合性的技术体系（黄修桥，1998）。通过对这一技术体系的运用，能够整体提高灌溉水资源的利用率，增加单位面积或总体面积农作物的产量，从而达到促进农业可持续发展的目标。

3.1.2.1　我国节水灌溉技术种类

我国节水灌溉技术体系主要包括节水灌溉工程技术和农艺技术。节水灌溉工程技术包括：渠道防渗技术、管道输水技术、喷灌技术、滴灌技术、改进的地面灌水技术、雨水汇集利用技术等；农艺节水技术包括：节水高产品种、农田覆盖、水肥技术等化学调控技术。

渠道防渗技术一般指利用石料、混凝土和膜料等材料对渠道增加防渗层，或者采用一定的防渗结构（梯形、矩形、弧形底梯形、弧形坡脚梯形等断面形式）进行施工，从而降低渠道输水过程中水分渗漏损失的技术措施（贺城和廖娜，2013）。

管道输水技术是指各类利用管道向田间输水的技术措施，包括低压管灌溉技术、渗灌技术等，利用地表或地下的管道向作物输水，以减少运输过程中的水分蒸发和渗漏。

改进地面灌溉技术主要指利用田间沟、畦等对作物进行灌溉的农业灌溉方式（水利部，2013）。传统地面灌溉方式包括畦灌、沟灌、漫灌和格田灌。传统灌溉方式普遍存在灌水均匀度差和灌水定额大等缺点。

喷灌是指利用专门设备，通过喷头喷洒成细小的水滴或水雾，将有压水流落在农作物或土壤表面进行灌溉的方法（水利部，2013）。自美国和苏联在19

世纪末率先采用自压管道喷灌系统以来，喷灌技术经历了上百年的改进和完善，具有节水、省工、增产、增收和保持水土等优点。

滴灌技术是指利用专门设备使灌溉用水以水滴状流出，从而达到浸润作物根区土壤的灌水方法。这一灌溉方法最突出的优点是节水，且自动化程度高，对地形的适应能力较强。但不足之处是需要大量的塑料管，初期投资较高，在实践中容易出现滴头堵塞的情况。

3.1.2.2　对节水灌溉技术类型的划分

Amelia Blank（2007）等在研究中国北方节水技术使用情况时首次将节水技术分为传统技术、以家庭为单位采纳的技术和以集体为单位采纳的技术三种类型。研究发现，以家庭为使用单位的技术和某些传统技术的采用率最高。随后有许多学者在研究中沿用了这一分类方法（孙天台，2012）。

本书主要以节水灌溉工程技术为研究对象，将其分为传统节水灌溉技术和现代化节水灌溉技术。前者主要包括改进地面的灌溉技术类型，譬如畦灌、沟灌、漫灌、深耕和土地平整；后者主要包括渠道防渗技术、管道输水技术、喷灌和滴灌技术。传统节水灌溉技术在20世纪50年代就开始使用，大多是劳动力密集型的技术，能够被大多数个体独立采用，具有自流配水的特征。现代化节水灌溉技术从20世纪80年代开始兴起，大部分为资本密集型的灌溉技术，具有初始资金投入量大、个体农户不易负担的特征，多为压力配水。

3.1.3　灌溉用水和灌溉用水效率

中国用水种类分为农业用水、工业用水、生活用水和生态用水四类，其中农业用水占60%以上。农业用水又包括灌溉用水、林业用水、牧业用水和渔业用水，灌溉用水作为农业用水的主体，一般占90%左右的比例。灌溉用水主要指的是种植粮食作物和其他作物的水田或水浇地灌溉用水，本书重点关注的是粮食生产中的灌溉用水，即灌溉用水中用于种植粮食作物的部分。按照用水来源的不同，粮食生产灌溉用水又可分为天然水、灌溉用地表水和灌溉用地下水。天然水主要来源于日常降水和土壤中包含的水分；灌溉用地表水是指从水库水、沟渠水、河道水等地表水资源获取的灌溉用水；灌溉用地下水则是通过机电井等方式抽取的水资源。天然水主要受到气候、水文等自然条件的限制，从经济学角度分析难度较大，而无论是地表水还是地下水的灌溉用水使用均涉及灌溉管理者的水资源配置问题，对其进行效率评价更具意义。

工程意义上的灌溉用水效率是指作物生长过程中实际吸收利用的水分在总灌溉用水投入中所占的比例。在此定义下，喷灌、微灌等先进用水技术能够根据作物生长用水需求进行灌溉，减少灌溉用水的投入，比畦灌等传统灌溉技术的用水效率更高。例如，工程意义下的地表水灌溉用水效率仅为0.6，而滴灌和喷灌能够达到0.95（Karagiannis 等，2003）。然而，本书将灌溉用水作为粮食生产中的投入要素之一，灌溉用水效率是指在产出和其他投入要素不变的情况下，可能的灌溉用水最小值与实际投入量之比。可能的灌溉用水最小值是指在技术充分有效、不存在任何效率损失条件下的灌溉用水量。经济学意义下的灌溉用水效率度量的是农户对灌溉环节的管理能力而不是灌溉系统的节水潜能，因此，较低的管理能力也可能导致节水灌溉工程技术的非效率，而较高管理水平下的传统节水灌溉技术也有可能更有效。本书中的灌溉用水效率指的是灌溉用水的技术效率，是一种投入导向型技术效率。

3.2　华北地区粮食生产与地下水灌溉特征

3.2.1　区域选择与概况

本书所使用的微观层面数据均来源于研究团队分别于2014年7~8月和

2015 年 8 月对河南省和河北省农户粮食生产和灌溉用水行为进行的专项调查。笔者全程参与了调查问卷的设计与修改、调研方案的制定、预调研、入户问卷调查、数据的收集录入与筛选统计等一系列环节。调查问卷涵盖了农户家庭劳动力结构与组成、家庭收入及其构成、农户粮食生产的投入与产出、粮食生产中灌溉行为及灌溉用水情况、家庭土地情况及土地利用情况等部分，反映了农户家庭劳动力非农就业情况、家庭生产经营的资源禀赋及粮食生产灌溉用水情况。

经过初期的资料收集和预调研，了解并掌握了两省各市、县级区域的粮食生产和灌溉用水情况。为了尽量避免气候、地域等差异造成的影响，并同时考虑粮食生产种植结构、资源禀赋条件等，本书在河北省选取石家庄、辛集、衡水三市作为初步调查区域。随后在石家庄、辛集、衡水三市随机分别抽取 3 个乡镇，每个乡镇随机抽取 3 个村，对每村 10 户农户进行一对一访谈式的问卷调查，共获得了 27 个村的粮食种植农户灌溉用水数据 270 份。其中，有效问卷 258 份，有效率 95.56%。在河南省选取夏邑、虞城、南召三县，每县随机抽取 3 个乡镇，每个乡镇随机抽取 2 ~ 3 个村，对每村 10 ~ 12 户农户进行一对一访谈式的问卷调查，共获得了 19 个村的粮食种植农户灌溉用水数据 191 份，有效问卷 191 份。通过两次实地调查共搜集有效问卷 449 份，为本书提供了数据支持。

河北省地处华北平原，环抱首都北京，属温带大陆性季风气候。《河北省气候影响评价公报》的数据显示，河北省多年平均降水约为 566 毫米（2000 ~ 2014 年）。河北省多年平均水资源总量 204.69 亿立方米，为全国水资源总量（28412 亿立方米）的 0.72%，其中，地下水资源量为 122.57 亿立方米。从种植结构来看，河北省井灌区农作物主要是小麦—玉米结构，冬季种植小麦，夏季种植玉米，并且种植制度为一年两熟制。玉米播种面积 3108.77 千公顷，小麦播种面积 2377.74 千公顷，二者播种面积占粮食作物播种面积的 86.86%，

占农作物总播种面积的62.71%，小麦、玉米用水总量80亿~90亿立方米，是全省第一大农业生产耗水户。农业生产的大量用水需求，使得地下水被迫无限度开采，导致地面下陷，形成地下水漏斗，如沧州漏斗、大城漏斗、冀枣漏斗等。河北省水资源及农业生产的可持续发展均面临严峻挑战。因此本书微观层面样本区域选择河北省，具有一定的代表性。

河南省属于地表水资源不丰富的省区。其水资源总量在全国排第19位，多年平均水资源总量414亿立方米。由于河南省是人口大省，因此人均水资源占有量较低，仅为445立方米，耕地亩均占有量为407立方米。年降水量自西向东、自北向南依次增加。北部安阳地区的年降雨量在600毫米左右，西部三门峡、洛阳的年降雨量为500~550毫米，东部的开封、周口、商丘的年降雨量为700~800毫米，而南部驻马店、信阳的年降雨量为900~1400毫米。截至2008年底，河南省有效灌溉面积达498.5万公顷，占全省耕地面积的69%；井灌面积345.3万公顷，占全省农业灌溉面积的69.3%；节灌面积117.6万公顷，占全省有效灌溉面积的24%，共完成节水灌溉投资12.37亿元。

本书的局限之一在于微观层面的样本调查没有涉及中国南方粮食主产区域的抽样。然而，南方地区粮食生产多以水稻种植为主，或实行稻麦轮作，而水稻种植多地表水灌溉，且南方地区降水量较多，雨养农业占据比例较大。本书之所以在北方地区进行抽样调查，一是北方地区地下水资源开发利用面临的问题更加严重，二是相对于地表水灌溉，地下水的使用更容易量化、测量，三是地表水灌溉多以集体为单位，农户对灌溉管理的自主权相对较低，而以地下水的抽取作为研究对象更能反映出农户在家庭资源禀赋发生变化时灌溉管理策略的相应调整。

3.2.2 农户家庭基本特征

3.2.2.1 样本农户家庭基本特征

对样本农户基本特征进行描述性分析（见表3－1）发现，抽取的样本在家庭特征各方面分布比较均匀，从核心家庭（3 人）到大家族（6 人以上），各家庭人口规模所占的比例均在20%左右。而家庭劳动力总数在 3 人以下的农户占近30%，说明样本区域家庭劳动力略有不足。家庭年收入在 4 万元以内的农户占60%，本书未将收入因素纳入模型内，主要是在进行数据采集时，农民对收入往往有所隐瞒，不能真实反映农户家庭收入状况以及非农收入状况。家庭粮食作物种植规模在 4～6 亩的农户占比最大，其中小麦播种面积的均值为8.07 亩。

表3－1　样本农户家庭基本特征描述

调查指标	指标选项	占比（%）
家庭规模（家庭总人口）	4 人以下	22.03
	4 人	17.62
	5 人	21.59
	6 人	17.62
	6 人以上	21.15
家庭劳动力总数	3 人以下	29.96
	3 人	28.63
	4 人	25.99
	5 人	9.69
	5 人以上	5.73
家庭年收入	2 万元以下	30.84
	2 万～4 万元	30.84
	4 万～6 万元	17.62
	6 万元以上	20.70

续表

调查指标	指标选项	占比（%）
家庭粮食作物种植规模	2亩以下	7.49
	2亩~4亩	22.03
	4亩~6亩	25.99
	6亩~8亩	18.50
	8亩以上	19.82

3.2.2.2 受访者基本特征

实地调研时，受访对象主要来自于存在粮食生产行为的家庭且受访者为粮食生产行为的主要决策者或共同决策者，其中62.56%的受访者为该农户的户主。对受访农民进行基本特征描述性分析（见表3-2）发现，留守农村的女性居多，占总样本的68.72%。受访者中60岁以上的农民占32.60%，高于其他年龄段的受访者比例，而且年龄阶段越高，受访者人数越多。这反映出农村劳动力老龄化的趋势。从受教育水平来看，接受初中教育的受访者占半数以上(51.10%)，其次为小学及以下文化水平（28.63%），再次为高中水平(19.38%)。就受访者个体来说，未参与非农就业的受访者占大多数(61.23%)，在参与非农工作的受访者中，打工的农户要比自营的比例更大，打工包括外出务工或在本地从事非农工作。农户家庭劳动力非农就业的具体行业和地点将在下一小节中进一步做出分析。

表3-2 受访者基本特征描述

调查指标	指标选项	占比（%）
受访者性别	男	31.28
	女	68.72

续表

调查指标	指标选项	占比（%）
受访者年龄	30岁以下	2.64
	30~40岁	8.81
	40~50岁	21.59
	50~60岁	27.75
	60岁以上	32.60
受访者受教育水平	小学及以下	28.63
	初中	51.10
	高中	19.38
	高中以上	0.88
受访者是否为户主	是	62.56
	否	37.44
受访者非农就业情况	未从事非农工作	61.23
	自营	9.69
	打工	29.07

3.2.3 农户家庭劳动力非农就业情况分析

样本农户家庭中所有劳动力均为本书的研究对象，以下从非农就业的形式、培训与农业生产情况，非农就业的行业分布及就业地点分布三个方面进行描述性分析。

3.2.3.1 非农就业的形式、培训与参与农业生产情况

样本农户家庭共有劳动力1362人，其中974名劳动力未参与非农就业，占71.51%。在从事非农工作的家庭劳动力中，以自营为非农就业形式的劳动力仅占劳动力总数的4.63%，外出务工或在本地从事非农工作的劳动力占23.86%。在参与非农就业的劳动力中，多数没有接受过非农就业的培训（57.81%），而且大部分劳动力继续参与农业生产（67.60%），呈现出本地非农就业或劳动“离乡不离土”的特征（见表3－3）。

表3-3 样本农户家庭劳动力非农就业情况

调查指标	指标选项	样本数	占比（%）
样本农户家庭劳动力非农就业情况	未参与非农就业	974	71.51
	自营	63	4.63
	打工	325	23.86
非农就业劳动力接受培训情况	接受了培训	135	42.19
	没有接受培训	190	57.81
非农就业劳动力参与农业生产的情况	参与农业生产	221	67.60
	不再参与农业生产	104	32.40

3.2.3.2 家庭劳动力参与非农就业的行业分布呈现多样化的趋势

图3-1显示了样本农户家庭劳动力参与非农就业的行业分布情况。从该行业分布图中也可以看出，农户从事非农就业的行业主要为建筑业、社会服务业、制造业等领域。其中，非农就业人数占比最大的行业为制造业(28.87%)，其次为社会服务业（15.98%）和建筑业（14.18%）。从调研情况来看，制造业一般是服装加工，辛集市有较为知名的皮革制造厂商。而多数外出务工劳动力的工作机会是由熟人介绍，团体外出务工的趋势明显。政府、事业单位选项主要包括拥有村级干部经历的农户。其他行业也包括作为雇佣劳动力从事农业生产的可能，因为在农忙时期，农业生产经营规模较大的农户需要雇佣劳动力进行生产管理。

3.2.3.3 就业地点选择县级以内居多

结合图3-2来看，样本农户从事非农就业的地点在本县最多，达到36.60%，其余地点的人数占比依次为本村25.26%，本镇他地18.81%，外省11.08%以及本省他地8.25%。在本村从事非农工作包括担任本村的村干部或者从事餐饮、批发零售等自营的非农就业。

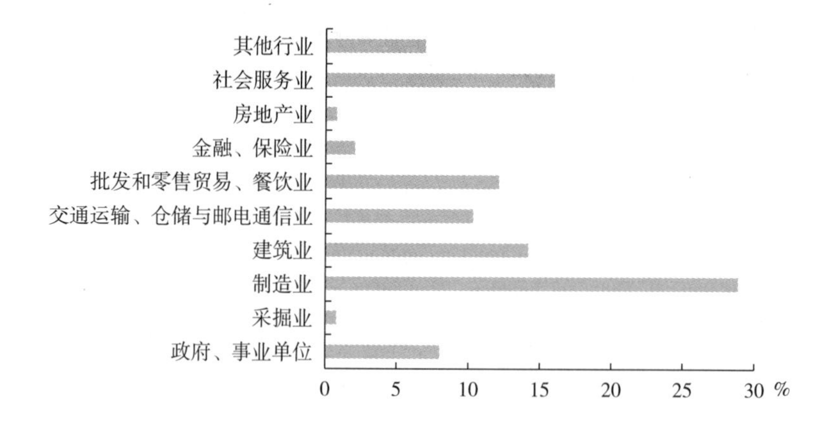

图 3－1　样本农户家庭劳动力从事非农就业的行业分布

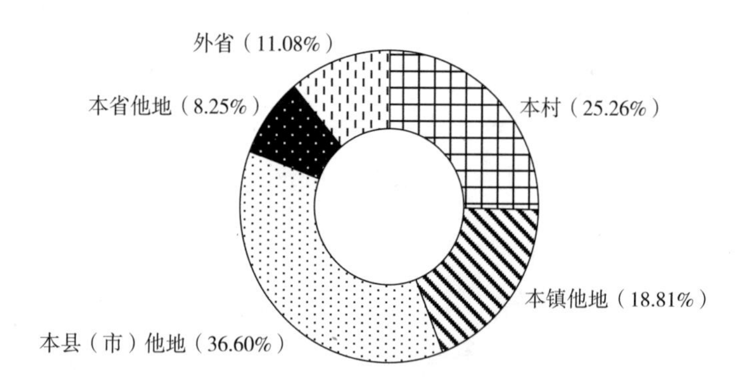

图 3－2　样本农户家庭劳动力从事非农就业的地点分布

3.2.4　样本农户粮食生产灌溉用水行为的特征分析

样本农户家庭灌溉用水特征显示，在粮食作物生产中一般进行 3 ~ 4 次灌溉，保证了 3 次灌溉的农户占比最多，达到 44.93%，其次为 4 次灌溉的农户，占 30.40%。其他灌溉用水的特征未显示在表 3－4 中，在此仅对其平均状况进行描述。样本农户粮食生产的地下水灌溉用水平均为 1000 立方米，而且农户之间灌溉用水投入量差异比较明显，最多用水量达到 7000 立方米左右，而投

入量最少的农户仅有60立方米。当然，灌溉用水投入总量的多寡与耕种面积有紧密的关系。在技术采纳方面，78%的农户采用了低压管灌溉技术，样本农户采纳小畦灌溉的平均水平为每亩地作5.29畦。

结合表3-4分析受访者对当地水资源情况的认知发现，大部分受访者对当地水资源紧缺的状况都有所察觉。绝大部分受访者（53.74%）认为当地村级水资源处于比较短缺的情况，其中有11.45%的受访者认为水资源在当地非常短缺。而且97.36%的受访者认为过去十年内，当地的地下水位有所下降，其中76.21%的受访者认为地下水位下降的程度很大。有48.02%的受访者认为在灌溉时遭遇了抽水机井干枯、出水量不顺的情况。机井干枯的原因一是地下水位下降后难以出水，二是灌溉设施缺乏维护逐渐凋敝。大部分受访者对当地现有基础设施比较满意，76.21%的受访者表示现行水价还在能够承受范围之内。实际上，各地区实行的农业用电有统一的标准，而本书内抽水用电的价格之所以有所波动是因为各地征收时加上了管理费用，将维护成本分摊在农户用电成本中，造成不同村的或村内不同生产小组的用电价格不同。

表3-4　样本农户家庭灌溉特征及受访者对水资源短缺的认知

调查指标	指标选项	占比（%）
样本农户粮食生产灌溉次数	1次	1.76
	2次	15.42
	3次	44.93
	4次	30.40
	5次	5.73
	6次	1.32

续表

调查指标	指标选项	占比（%）
受访者对村级水资源紧缺程度的认知	非常短缺	11.45
	比较短缺	53.74
	一般	23.79
	水资源充足	11.01
	非常充足	0
受访者对过去十年地下水位变化情况的认知	下降了很多	76.21
	下降了一些	21.15
	没有下降	2.64
受访者认为抽水机井干枯程度	非常干枯	3.96
	比较干枯	48.02
	一般	28.63
	供水较充足	17.18
	供水非常充足	2.20
受访者对现有灌溉基础设施的满意度	非常不满意	2.20
	不太满意	26.43
	一般	24.67
	比较满意	45.37
	非常满意	1.32
受访者对现有水价承受能力	能够承受	76.21
	不能承受	23.79

3.3 非农就业影响灌溉用水的简单理论模型构建

劳动力转移新经济学理论（NELM）假设，在不完全劳动力和资本市场条件下，劳动力转移所带来的劳动力流失和收入增加将会对农业生产产生复杂的影响。实证经验也证明了大部分农村地区的劳动力和资本市场是不完善的(Wang，2014)。劳动力转移所带来的劳动力资源的流失不能够被完全、有效地替代，农户家庭劳动力资源的减少将会影响其农业生产决策。在中国农村地区，信贷市场发展并不完善，农户可以利用非农就业带来的额外收入雇佣劳动力、购买其他农业生产物资或投资，以弥补劳动力流失对农业生产的不利影响。

根据 Wang (2014)、Brauw 和 Giles (2012) 的研究，本书将构建一个简单的理论模型来阐述农户家庭劳动力非农就业对灌溉用水投入的影响路径。农户在 t 时期内的效用 $u(c_t, \varepsilon_t; \alpha)$ 是关于其消费 c_t 和闲暇时间 ε_t 的函数，同时也受到农户的偏好和家庭基本特征 α 的影响。假设农户的收入来源分为农业收入和非农收入两部分。作物的产出 $Q(l_t^a, x_t, I_t; K_t)$ 由农业生产劳动力投入 l_t^a、灌溉用水投入 x_t 和其他投入要素 I_t 决定。资本投入水平 K_t 决定了生产率，K_t 还反映了农业固定资本存量水平，如农机具、农用水井和灌溉节水技术等农业生产技术。农户积累的农业资本投入 K_t 满足以下条件：

$$K_{t+1} \leqslant K_t + Q(l_t^a, x_t, I_t; K_t) - r_t x_t - p'_t I_t + R(l_t^O; \beta) - c_t \tag{3.1}$$

其中，r_t 为单位灌溉用水的成本，p_t 为其他投入要素的价格向量，并将作物产出的价格标准化为1。式(3.1)右边的第二项至第四项反映了农户的农业收入，非农收入 $R(l_t^O; \beta)$ 由农户家庭劳动力非农工作的总时长 l_t^O 和一系列影响非农就业需求的因素 β 决定，如劳动力流出地和流入地的劳动力市场情况等。非农收入函数是递增且凹向 l_t^O 的(Wang 等，2014)：随着农户配置在非农工作的家庭劳动时间的增加，l_t^O 的边际报酬是递减的，因为想要找到工资更高的工作是更加困难的。式(3.1)假设农户面临着信贷约束，贷款不能够超越现有的农业资本和家庭收入的情况。这一假设符合中国农村现阶段不完全信贷市场的发展现状(Zhao，2011)。与此同时，农户也面临着时间的约束：

$$l_t^O + l_t^a + \varepsilon_t \leqslant \bar{L}_t \tag{3.2}$$

其中，$\bar{L}_t$ 是农户家庭劳动力拥有的总时间。

农户的效用最大化受到式（3.1）和式（3.2）的约束：

$$\max u(c_t,\ \varepsilon_t;\ \alpha) + \delta V_{t+1}(K_{t+1},\ \bar{L}_{t+1};\ \alpha) \tag{3.3}$$

其中，δ 为折旧系数，V_{t+1}（K_{t+1}，$\bar{L}_{t+1}$；α）为代表 $t+1$ 时期效用最大化的价值函数，即 $\max\limits_{\{c_s,\varepsilon_s\}} \sum\limits_{t+1}^{\infty} \delta^{s-(t+1)} u_s$（$c_s$，$\varepsilon_s$；$\alpha$），因而可以假设 V_{t+1}（K_{t+1}，$\bar{L}_{t+1}$；α）是递增且凹向 K_{t+1} 的。为了实现效用最大化，农户会综合考虑其消费和生产的决策来配置劳动力的时间。

式（3.1）至式（3.3）中的最大化问题至少包含了两条非农就业影响灌溉用水和灌溉投入决策的路径。第一条路径是通过非农就业对劳动力时间的影子价值的影响。式（3.4）通过效用最大化的必要条件，展示了农业生产劳动力 l_t^a 和灌溉用水投入 x_t 的关系：

$$\frac{\partial Q(l_t^a,\ x_t,\ I_t;\ K_t)/\partial x_t}{\partial Q(l_t^a,\ x_t,\ I_t;\ K_t)/\partial l_t^a} = \frac{r_t}{w_t^s} \tag{3.4}$$

其中，w_t^s 为影子价值，受到式（3.2）中的时间约束。非农就业的增加将会减少农户在农业生产上的时间分配和闲暇时间，因而增加了时间的边际价值①。农户可能会通过调整灌溉管理的时间来对更高的 w_t^s 做出响应，这一调整取决于农业生产 Q（l_t^a，x_t，I_t；K_t）中劳动力投入和灌溉用水投入的关系。灌溉环节需要一定量的劳动力投入，因此劳动力和水资源至少在劳动力投入的下限值范围内是互补品。这一互补关系尤其体现在劳动力密集型的漫灌、小畦灌

① 第一条路径在非农就业机会无限多的情况下将会消失。在此情况下，农户将会不停地分配时间在非农工作上，直到最后的非农就业单位劳动力的边际报酬和务农劳动力的边际报酬相等。因此，劳动力时间的影子价值是外生的，受到非农劳动力市场工资率的影响。大部分经验证据表明，由于制度障碍或非农劳动力市场的信息不对称，非农就业机会是有限的（Wang 等，2014）。一个典型的例子就是中国的户籍制度，要求农村居民在外务工时需要取得暂住证。

溉等传统灌溉方式中（Zuo，1997）。而在中国农村地区，漫灌和小畦灌溉仍然是主要的灌溉方式（Blanke 等，2007）。因此，对于大部分农户来说，灌溉用水和劳动力在农业生产中是互补品。然而，灌溉用水和劳动力也可能存在替代关系。当水资源更加稀缺时，即水资源的影子价格上升，农户可能投入更多的劳动力来提高灌溉用水的效率（Cai 等，2008）。从这一意义上，劳动力外出打工和在本地从事非农工作将农户家庭劳动力资源分流出去，潜在减少了在节水灌溉上的劳动力投入，可能造成灌溉用水的增加。这一影响效应在水资源更为稀缺的区域可能更显著。Di Falco 等（2011）发现，在埃塞俄比亚的尼罗河流域，劳动力资源的匮乏是水土保持措施难以推广的原因之一。

第一条影响路径也被称为“劳动力流失效应”（Taylor 等，2003）。当农村地区劳动力市场发展完善时，这一效应将会消失，因为此时的时间约束条件将不再存在。然而，即便是农户雇佣劳动力务农，家庭劳动力和雇佣劳动力也并不能实现完美替代。譬如，家庭劳动力将会更仔细地监管水流，以确保耕地得到充分灌溉而且一旦完成灌溉马上关闸。即使雇佣劳动力使用的灌溉用水量和家庭成员使用的相等，雇佣灌溉的方式也常常是短时间内使用最大水流灌溉，而不是长时间的均匀流速。这种差别可能造成作物产出水平的不同。

第二条潜在影响路径是通过非农就业对资本的影子价值产生影响。这一路径通常被称为“收入效应”（Du 等，2005）。非农收入 R（l_t^O；β）的增加将会等量地放松式（3.1）中的约束条件，因此资本的影子价值 λ_t 将会下降。在式（3.1）至式（3.3）中的最大化问题中，关于 K_{t+1} 的必要条件是：

$$\delta\frac{\partial V_{t+1}(K_{t+1},\ \bar{L}_{t+1};\ \alpha)}{\partial K_{t+1}}=\lambda_t \tag{3.5}$$

因此，当 λ_t 下降时，农户可能会增加 $t+1$ 时期的资本投入 K_{t+1}。增加大小取决于折旧系数 δ。折旧系数高时，农户可能会将非农收入用于当期的消费

c_t，用于消费的非农收入大小与$\frac{\partial V_{t+1}(K_{t+1}, \bar{L}_{t+1}; \alpha)}{\partial K_{t+1}}$相关，这一指标衡量了农业资本的增长通过提高农业生产率来增加价值函数的程度。而在灌溉环节投资仍可以带来高回报，因为灌溉能够提高作物的产量。例如，Huang 等（2006）发现同样条件下，由雨养农业转为灌溉农业能够增加 18% 的小麦产出。灌溉也有利于保持水土，提高土壤质量（Lichtenberg，1989）。研究表明，信贷约束限制了农户的灌溉。Zhang 等（2008）发现，收入水平较高的农户更有可能拥有独立的水井灌溉并将地下水销售给其他农户。非农收入也可能促进农户采纳灌溉技术。例如，Zhou 等（2008）发现农户收入水平和水稻节水灌溉技术采纳的可能性正相关。

除了促进农业生产之外，不论是通过扩大灌溉面积还是提高灌溉效率的灌溉投资，都降低了作物种植所面临的气候风险，例如干旱。因此，灌溉投资能够降低种植收入的波动性。这一效应并没有在以上的简单模型中得到体现，但对于农户是重要的考量因素。随着非农劳动力市场的波动增加，从事农业生产能够成为劳动力外出打工和本地非农就业的缓冲带。例如，在全球经济危机中，4900 万务工劳动力在 2008 年 10 月至 2009 年 4 月之间失业（Huang 等，2011），大部分失业劳动力选择回乡务农。Gao 和 Jia（2007）同样发现在 20 世纪 90 年代中后期，出现了农民工返乡潮。

总而言之，两条路径带来的影响是难以区分的。一方面，劳动力要素和其他要素之间的替代可能会影响灌溉用水的使用。例如，20 世纪 60 年代美国的劳动力供给紧缺，反而促进了旋转架基轴的使用，仅需投入小畦灌溉 1/4 的劳动力（Nieswiadomy，1988）。在这种情况下，劳动力和资本之间的替代减少了灌溉用水。另一方面，假设闲暇是普通商品，两条路径的影响也是相互交织的，较高的收入增加了对闲暇的需求，而提高了劳动力时间的影子价值。如果信贷市场的不完美被消除，那么收入效应也将消失，此时劳动力流失效应能够

被量化。或者假设在完美的劳动力市场条件下，收入效应也是能够被估计的。在实证分析中，将两种效应明确地分离是不现实的。因此，我们只能研究非农就业对灌溉用水和灌溉投入的综合效应。效用最大化问题的比较动态不能够清楚地预测非农就业对灌溉用水或灌溉投资的影响，影响效应的方向取决于农户的特征、各投入产出要素的关系以及劳动力和信贷市场的不完全性等。图3－3更加清晰地阐释了以上非农就业影响粮食生产灌溉用水及其效率的路径。在后续研究中，通过对研究对象以及研究范围的界定，还将具体阐释该影响路径图。

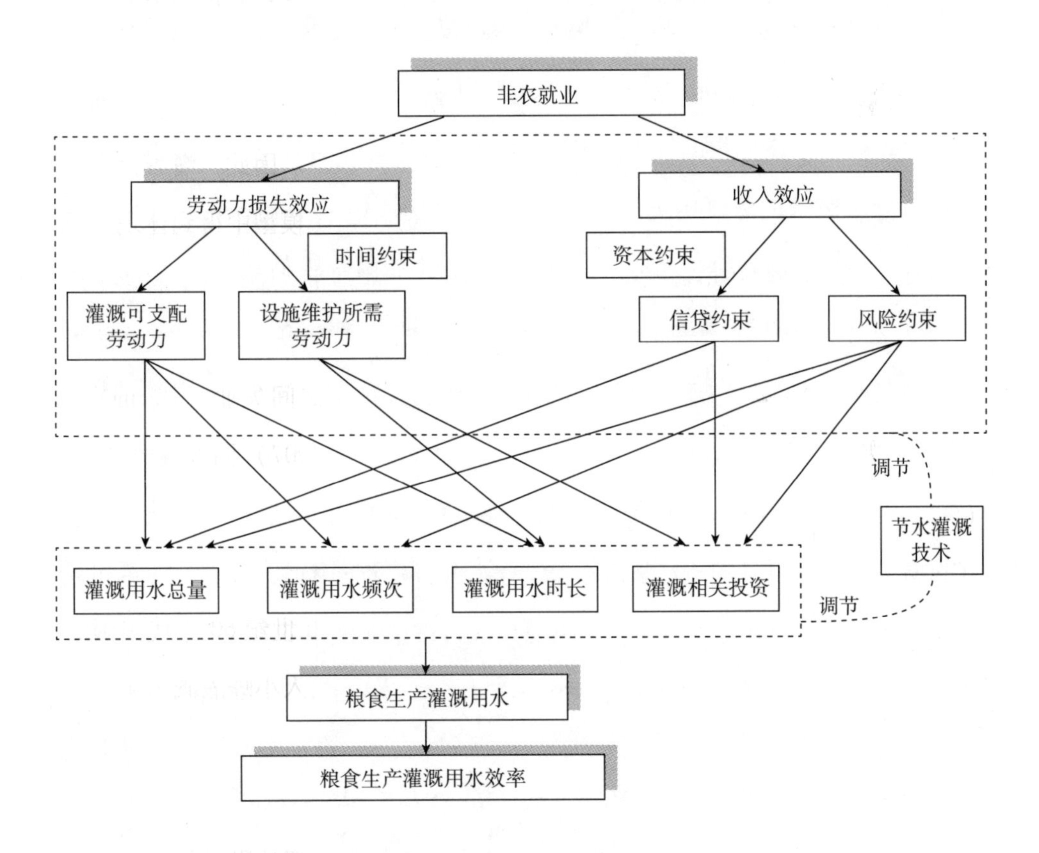

图3－3　非农就业影响粮食生产灌溉用水及其效率的机制

3.4 非农就业影响灌溉用水的实证模型构建

为了探究劳动力非农就业对粮食生产灌溉用水行为的影响，首先估计以下方程：

$$Y_{kiv}=\beta_{k0}+M_{iv}\beta_{k1}+\beta_{k2}p_{iv}+W_{iv}\beta_{k3}+L_{iv}\beta_{k4}+H_{iv}\beta_{k5}+\varepsilon_{kiv} \quad (3.6)$$

其中，Y_{kiv}表示第v个村庄中第i户农户粮食生产的第k个被解释变量。式（3.6）包含了三个模型，以三类不同的描述农户粮食生产灌溉用水的指标为因变量，包括：在作物的一季生长过程中农户家庭劳动力投入灌溉的总时间（小时数）、抽取的灌溉用地下水总量①和农户抽取地下水灌溉的次数。ε_{kiv}为随机误差项，灌溉总时长和地下水用水总量分别使用对数形式。

M_{iv}是本书关注的重要变量，衡量了农户家庭劳动力的非农就业情况。它主要包括两个变量，一是外出务工的家庭劳动力数量占家庭劳动力总数的比例（%），二是在本地参与非农就业的家庭劳动力数量占家庭劳动力总数的比例（%）。在本章和第4章的研究中，都对外出务工和本地非农就业的劳动力作了区分。在县城以外的地点从事非农工作，并且每年回家次数不超过5次的劳动力，即定义为外出务工劳动力。在县级及以下区域从事非农工作，仍在家中居住的劳动力为本地非农就业劳动力。通常在本地从事非农工作的劳动力并没

① 参考以往研究（Eyhorn等，2005；Srivastavaa等，2009；Watto和Mugera，2014），地下水灌溉用水量的计算方式为：$Q=0.001\times T\times 129.5741\times BHP/[DEP+(255.5998\times BHP^2)/(DEP^2\times DIA^4)]$。其中，$Q$表示抽取的地下水总量（立方米）；$T$表示抽水用的总时间（小时）；$BHP$（Brake Horsepower）表示抽取地下水所用的机械动力（马力）；DEP表示抽水水井的深度（米）；DIA表示抽水用的管道直径（寸）。

有完全脱离农业生产，在农忙季节仍然参与家庭农业生产经营活动。

在式（3.6）中，灌溉用水量是因变量，所以式（3.6）实际上是投入需求方程，而微观经济学中投入要素价格和产出价格都是投入需求的影响因素。粮食销售价格在各村内并无显著波动，因此不包括在内。由于地下水管理条例中并无具体的农村地下水用水量的细则，例如地表水灌溉即按用水量收费，而地下水用水成本大部分是以抽水所需的能源来计费，例如电费或柴油费（Huang 等，2010），因此，农业灌溉用电的价格 p_{iv} 与地下水用水成本高度相关，因为本书在模型中控制了地下水用水的水井和水泵特征。在本书样本区域内，农户灌溉抽取的地下水来源主要包括自己拥有的水井、其他人的水井（从不正规的地下水市场购买）和公共水井。农户在非正规市场购买用水时会附加服务费，因此农户所交的电费有变化属于正常现象。预期地下水用水成本与用水量负相关，因为地下水灌溉的用水成本越高，用水需求越低。W_{iv} 为反映水井与水泵特征的变量，包括耕地与水井之间的距离（千米）、水井的出水情况（1 = 出水量少）、水井平均深度（米）、抽水管直径（厘米）和抽水水泵的功率（千瓦时）。随着耕地与水井之间距离的增加，地下水输送过程中的水分流失增加，从而需要抽取更多地下水弥补水分的损失。因此，耕地与水井之间的距离对地下水的用水量有正向影响。在出水量少的水井中抽水，抽水所需的时间更长，灌溉所需要的劳动力时间也将有所增加。

L_{iv} 反映了农户粮食生产的耕地特征，包括耕地面积（亩）、地块数量和土地质量（1 = 质量良好）。耕地面积侧面反映了家庭农业生产经营规模，预期耕地面积越大，所需要的灌溉用水量越多，而家庭经营规模大的农户更有可能增加家庭水利设施投资。平均地块数量衡量了农户家庭耕地细碎化的程度，细碎化程度高的耕地提高了家庭粮食生产灌溉的难度，预期增加灌溉用水量和灌溉时长。土地质量变量为受访者对家庭耕地质量的评级。由于土壤质量更好的耕地保水能力更强，所需灌溉用水量越少，因此耕地质量对灌溉用水量可能有负向影响。另外，农户更倾向于在质量更高的耕地上进行投资（Pender 和 Kerr，1998）。

由于农户在分配家庭劳动力资源时，可能同时考虑农业生产和参与非农就业，因此在研究非农就业时仍需要解决内生性问题。劳动力转移新经济学（NELM）提出，农户将劳动力非农就业视为克服资本约束和解决投资、劳动力流动性问题的策略。在本章研究中，试图采用三种方法克服该内生性。

第一种方法是将一系列反映农户家庭特征的变量 H_{iv} 纳入模型内。用水需求是农业生产中其他投入要素价格的函数。当农业劳动力的价格等于劳动力时间的影子价格时，影响劳动力时间分配的因素，例如家庭成员构成等，也会通过影响劳动力的影子价格来影响灌溉用水需求。农户家庭劳动力的人数和家庭劳动力构成均会影响家庭非农就业决策（Zhao 等，1999）。例如，家庭劳动力中老人和小孩所占的比例越大，家庭经济负担越重，越倾向于从事非农工作，而由于缺乏农业劳动力，灌溉的次数、时长和用水量也将受到影响。反映农户家庭劳动力特征的变量包括农户家庭总人数、小孩所占比例（%）、老人所占比例（%）、主要决策者的性别虚拟变量（1 = 男性）、年龄（岁）、受教育水平（年）和显示风险厌恶水平的虚拟变量。性别、年龄和受教育水平均为非农就业研究中的经典影响因素（De Brauw 和 Rozelle，2008）。而参与非农就业对于农户来说是具有风险的，因此本书将纳入两个虚拟变量衡量农户风险态度。一是农户是否偏向于风险系数低但回报率也低的技术，而非风险系数偏高但回报率也高的技术。二是农户是否经常考虑还未发生的事件。风险厌恶程度高的农户更有可能增加灌溉用水量，或者增加农业灌溉方面的投入。

第二种方法是使用村级固定效应变量以控制村级差异，例如气候、政策、环境等。

第三种方法是使用工具变量法。在 Woodruff 和 Zenteno（2001）以及 Mckenzie 和 Rapoport（2011）的研究中，使用了反映农户家庭劳动力转移历史的变量作为工具变量解决内生性问题。研究也表明家庭拥有的社会关系资源是影响劳动力转移的重要因素（Taylor 等，2003）。亲戚非农就业的情况有可能会影响农户家庭灌溉用水决策和灌溉投资，例如，农户的亲友由于劳动力发生转移而更换了节水灌溉技术，那么通过技术扩散效应，农户的灌溉技术可能会改变。因此本章研究纳入两个变量作为工具变量，一是 10 年前进行劳动力转移的亲戚数量（人），二是 10 年前从事本地非农就业的亲戚数量（人）。在计算得到第一个工具变量时，10 年前转移的亲戚数量是除了受访农户之外的，该村内其他受访农户所陈述的 10 年前转移的亲戚数量的平均数。10 年前从事本地非农就业的亲戚数量也是以同样的方式计算。两个变量都可能通过社交网络影响受访农户非农就业的情况，但在计算亲戚的平均数量时不包括受访者在内，因此这两个变量并不会影响受访农户的灌溉用水决策。因此，二者均是合格的工具变量，且通过了豪斯曼检验（Durbin – Wu – Hausman Test）。

为了探究农户参与非农就业对粮食生产灌溉相关投资的影响，本书还将对以下方程进行估计：

$$I_{kiv} = \gamma_{k0} + M_{iv}\gamma_{k1} + \beta_{k2}p_{iv} + L_{iv}\gamma_{k2} + H_{iv}\gamma_{k3} + \varepsilon_{kiv} \tag{3.7}$$

式（3.7）中包括三类因变量，一是农户是否在水井上投资的虚拟变量。二是农户是否使用了至少一项节水灌溉技术的虚拟变量。本书考虑的节水灌溉技术包括小畦灌溉和低压管灌溉（或是在将灌溉用水从水井输送向田间的过程中是否使用了管道）。相对于大水漫灌，小畦灌溉能够减少灌溉用水的蒸发和渗漏，克服漫灌的灌溉受水面积不均问题。小畦灌溉仅需要投入劳动力资源，不属于资本集中型技术，农户采纳该技术的成本不高，因而易为农户所接受。低压管灌溉能够显著减少渠道运输中的水分蒸发渗漏。低压管灌溉技术的成本在于在耕地和水井之间安装低压管输水，其成本比较高，通常农户通过自发组成团体或者村集体采纳低压管灌溉技术。应指出的是，节水灌溉这一术语在此语义较为宽泛，指的是减少灌溉用水而不是节水工程技术意义上的水分蒸发减少或作物生长吸收水分的减少（Blanke 等，2007）。三是单位耕地面积的平均作畦数量。作畦数量反映了农户在降低灌溉用水蒸发渗漏方面所做的不同程度的努力。最优作畦数量一般取决于耕地面积大小、地块形状和坡度，以及作物种植结构。但在本书中，大部分农户家庭耕地的作畦数没有达到最优，因为作畦需要劳动力和时间的投入。因此，本书中作畦数量越多则意味着减少灌溉水分渗漏的能力越强。

式（3.7）右侧的变量设定与式（3.6）相似，因为同样的因素可能影响农户灌溉投资决策。例如，土地细碎化程度高的农户不倾向于自己打井，因为不能享受规模经济效应。土地质量好的农户更倾向于投资（Pender 和 Kerr，1998）。式（3.7）中没有包含水井和抽水水泵的特征变量，也没有包含抽水用电的价格变量，因为该模型控制了村级固定效应，已经包含了村级平均电费水平。

式（3.7）也用来检验非农就业对粮食作物产出的影响，包括小麦和玉米的产值而非产量、单位（立方米）地下水的产值、小麦种植面积所占的比例以及农户是否休耕的虚拟变量。

尽管因变量中存在连续变量和二分类变量，在主要的变量设定中，采用似不相关回归（SUR）进行估计。期间使用三阶段最小二乘法（3SLS）和广义矩估计（GMM）方法进行工具变量估计。而三阶段最小二乘法和广义矩估计方法得到的估计结果相似。

3.5　农户家庭劳动力非农就业对粮食生产灌溉行为的影响

本节主要探讨非农就业对灌溉用水三方面的影响：一是灌溉用水的管理，二是与灌溉相关的投资，三是作物生产方面。虽然主要关注的是第一部分，但第二部分、第三部分的研究有利于解释农户家庭劳动力非农就业对灌溉管理的影响，可以加深对二者关系的理解。第一，农村劳动力非农就业对农业生产的负面影响可能在一定意义上有利于保护地下水资源，减少农业用水消耗。第二，如果农业生产仍然维持既定的水平，提高灌溉用水的生产率，即在达到既定产值的前提下减少所需要的灌溉用水投入，有利于抵消非农就业对水资源开发利用的不利影响。

表3－5展示了在不控制其他变量的情况下，农户家庭劳动力非农就业情况与灌溉用水、投资和作物生产情况的初步关系。

表3－5　不控制其他变量的基本模型设定（似不相关回归）

	灌溉用水管理		
	地下水使用总量（Log）	灌溉总时长（Log）	灌溉频次
外出务工劳动力占家庭劳动力的比例	－0.111	－0.054	0.557
	（0.221）	（0.203）	（0.361）
本地非农就业劳动力占家庭劳动力的比例	－0.120	－0.024	－0.049
	（0.172）	（0.158）	（0.281）

续表

	灌溉投资		
	对水井的投资	节水灌溉技术采纳	亩均作畦数量
外出务工劳动力占家庭劳动力的比例	0.038	0.151	0.360
	(0.110)	(0.109)	(1.606)
本地非农就业劳动力占家庭劳动力的比例	0.088	0.163*	3.215**
	(0.085)	(0.085)	(1.250)

	作物生产				
	总产值（Log）	每立方米水总产值（Log）	小麦种植比例	玉米种植比例	是否休耕
外出务工劳动力占家庭劳动力的比例	0.125	0.236	0.026	0.046	0.146
	(0.168)	(0.183)	(0.032)	(0.033)	(0.094)
本地非农就业劳动力占家庭劳动力的比例	-0.032	0.087	0.028	0.038	0.020
	(0.130)	(0.143)	(0.025)	(0.025)	(0.073)

注：括号内为标准误差；*和**分别表示在10%、5%的统计水平上显著。

在严格控制了其他变量的情况下，以下逐一对这三方面的结果进行讨论，并比较不控制其他变量的情况下，研究主要关注的变量与粮食生产灌溉的关系。

3.5.1 对灌溉用水管理的影响

灌溉频次和灌溉时长是反映农户在管理粮食生产灌溉过程中劳动力投入的主要变量。通过似不相关回归法（SUR）和工具变量回归（IV），将灌溉用水量、灌溉总时长和灌溉频次作为因变量估计式（3.6），结果如表3-6所示。与表3-5中的结果相比，在控制了其他变量的条件下，农户家庭劳动力非农就业对灌溉用水和灌溉时长的系数符号有所改变，本地非农就业的系数为正但不显著（见表3-6第1列、第3列）。

工具变量法的回归结果表明，无论是外地务工还是本地非农就业，农户家

庭劳动力参与非农就业均带来了“劳动力损失效应”，并对农户灌溉环节的管理产生了影响（见表3-6第2列、第4列和第6列）。具体来说，在减少内生性对估计结果的影响后，两种形式的非农就业与灌溉用水的总投入量之间存在显著的负向关系。这一结果证明了新劳动力转移经济学（NELM）的观点，即现阶段农村劳动力市场发展不完善，而损失的劳动力资源往往得不到有效的替代（Taylor 等，2003）。这一结果与 Wachong Castro 等（2010）的研究结果相一致，而且更加稳健，因为在 Wachong Castro 等（2010）的研究中，外出务工对灌溉用水的投入量没有显著影响，而本地非农就业对灌溉用水投入的负向影响仅在10.8%的统计水平上显著。在 Wachong Castro 等（2010）的研究中，本地非农就业的机会主要是收获季节后的棉花采摘。相比之下，本书样本农户的主要非农活动是与农业无关的制造业、建筑业和服务业的工作。这意味着在本书中从事本地非农就业的农户即使是在农忙需要灌溉的时节，也常常不参与农业生产活动。

家庭劳动力非农就业对灌溉时长有显著的负向影响，但对灌溉次数的影响并不显著。换言之，在参与本地非农就业和外地务工的家庭劳动力增加的情况下，粮食生产灌溉环节中对作物灌溉的频次并不会减少，但是在灌溉上花费的时间有所减少。这一结论证明了，非农就业增加了农户边际时间价值，使家庭劳动力资源在非农就业、灌溉管理和闲暇三方面的分配格局发生改变。

究其原因，在本书样本范围内，超过90%的农户在一季生产中灌溉小麦2~4次。对灌溉频率的影响不显著可能是因为在研究区域，小麦生产大量依赖灌溉，缺少一次灌溉就将导致产量显著降低（Liu 等，2007）。因此，即便农户边际时间价值上涨，非农工作带来的效用也不能弥补粮食大量减产对农户效用的损害。农户为了保证作物生长用水需求得到满足，一般不会减少灌溉用水的频率。但灌溉用水的时间有所减少，一是劳动力流失后能够分配的劳动力资源不足；二是具有农业生产经验和技术知识的劳动力转移后，家庭经营的重点由农业生产经营转移至非农部门，对粮食生产的灌溉环节并不重视；三是外出务工和参与非农工作改善了农户家庭收入，农户增加节水灌溉的技术或设备后，能够减少灌溉环节的劳动力投入或灌溉用水。在两种非农务工的影响差异方面，正如本书的预期，参与本地非农就业的影响效应弱于外出务工的影响效应，估计系数未超过其半数。因为参与本地非农就业的劳动力脱离农业生产的程度要小于外出务工的家庭劳动力。

研究还发现，家庭劳动力总数对灌溉频率、灌溉总时间和灌溉用水的投入总量均有显著的正向影响。因为充足的劳动力能够保证农户配置劳动力资源的灵活性，提高粮食生产精耕细作的程度，从而保障粮食生产中的劳动力投入。老人、小孩的比例对粮食生产灌溉管理的影响不同。16 岁及以下未成年人总数占家庭总人口的比例越大，灌溉的频次越低。对小孩的照顾需要耗费精力，意味着可配置的劳动力资源减少。60 岁以上老人占家庭总人口比例较大的农户，其灌溉总时长较短，对灌溉频次没有影响，意味着每次灌溉所花费的时间更短，因而显著降低了灌溉用水总量。这两个反映家庭劳动力结构的变量增加，意味着家庭可支配劳动力的减少以及对孩子保育和老年护理需求的增加。此外，未成年人和老年人数量越多，家庭的经济负担就越重，从而导致可支配收入降低（Wachong Castro 等，2010），进而导致家庭在生产性投入（如灌溉用水）上的购买力降低。

此外，结果有力证明了家庭粮食生产经营规模对灌溉用水的影响，农户的耕地面积越大灌溉次数越少但平均每次的灌溉时间越多，总体灌溉用水量越多。抽水用电的价格对粮食生产灌溉的频次有显著的影响，随着用电价格的增长，农户将减少灌溉的次数。这说明地下水灌溉与地表水灌溉不同的是，农户粮食地下水灌溉更偏向于资本密集型和个体行为，作为理性的经济人，农户在从事农业生产时追求利润最大化，因而为了降低成本减少粮食生产灌溉用水。这一结果与 Huang 等（2010）的研究结果相一致，用水价格的上升减少了农户的用水需求。与此同时，在同一村庄内，不同家庭井的深度和泵发动机的功率不同，这两个变量也影响用泵抽水的时长。可以预见，抽取地下水的水井越深，取水灌溉的时间越长，而功率大的水泵能够减少抽水的时间。

表3-6 农户家庭劳动力非农就业和灌溉用水管理的关系

	地下水使用总量（Log）		灌溉总时长（Log）		灌溉频次	
	（1）SUR	（2）IV	（3）SUR	（4）IV	（5）SUR	（6）IV
外出务工劳动力占比	-0.096	-1.334*	-0.091	-1.538**	0.433	-1.027
	(0.182)	(0.719)	(0.182)	(0.696)	(0.376)	(1.643)
本地非农就业劳动力占比	0.089	-1.028*	0.062	-1.633***	-0.090	-0.213
	(0.144)	(0.605)	(0.143)	(0.581)	(0.295)	(1.300)
农户家庭特征						
家庭劳动力总数	0.009	0.060*	0.008	0.077**	0.086	0.122*
	(0.026)	(0.032)	(0.026)	(0.031)	(0.053)	(0.069)
16岁及以下未成年人占比	0.028	-0.426	0.072	-0.427	-0.944	-1.470*
	(0.351)	(0.369)	(0.351)	(0.358)	(0.720)	(0.791)
60岁及以上老人占比	-0.032	-0.326*	-0.024	-0.388**	0.310	0.098
	(0.177)	(0.195)	(0.177)	(0.189)	(0.361)	(0.419)
受访者性别（1=男）	0.008	0.032	0.005	0.038	0.237	0.236
	(0.097)	(0.091)	(0.096)	(0.089)	(0.198)	(0.186)
受访者年龄	0.0003	-0.001	0.0004	-0.002	-0.008	-0.006
	(0.004)	(0.004)	(0.004)	(0.004)	(0.009)	(0.009)
受访者受教育程度	-0.003	0.004	-0.002	0.009	0.029	0.028
	(0.015)	(0.015)	(0.015)	(0.014)	(0.030)	(0.030)
低风险技术偏好	-0.090	0.013	-0.083	0.059	-0.061	0.015
	(0.099)	(0.110)	(0.099)	(0.107)	(0.204)	(0.234)
考虑未来发生情况	0.024	0.019	0.027	0.024	-0.020	-0.035
	(0.080)	(0.075)	(0.080)	(0.073)	(0.166)	(0.155)
农户家庭耕地特征						
耕地总面积（Log）	0.725***	0.673***	0.730***	0.614***	-0.042*	-0.037*
	(0.108)	(0.094)	(0.108)	(0.094)	(0.024)	(0.022)

续表

	地下水使用总量（Log）		灌溉总时长（Log）		灌溉频次	
	（1）SUR	（2）IV	（3）SUR	（4）IV	（5）SUR	（6）IV
地块数量	0.039	0.026	0.0367	0.030	0.155**	0.138**
	（0.033）	（0.030）	（0.033）	（0.030）	（0.067）	（0.061）
土地质量	0.098	0.129	0.085	0.143*	-0.029	-0.054
	（0.086）	（0.086）	（0.086）	（0.084）	（0.177）	（0.179）
价格及地下水抽水水井特征						
抽水用电价格（Log）	-0.606*	-0.465	-0.582*	-0.347	-1.697	-1.842*
	（0.342）	（0.335）	（0.341）	（0.331）	（1.103）	（1.079）
水井与耕地之间的平均距离	0.002	0.016	0.013	0.079	-0.228	-0.437
	（0.160）	（0.116）	（0.159）	（0.104）	（0.329）	（0.340）
水井出水程度（1=低）	-0.020	0.009	-0.024	0.007	0.267	0.287*
	（0.081）	（0.047）	（0.081）	（0.042）	（0.167）	（0.147）
平均打井深度（Log）	-0.966***	-0.510***	0.005	0.564***	0.001	0.003
	（0.137）	（0.091）	（0.137）	（0.082）	（0.002）	（0.002）
水泵抽水管直径（Log）	0.182	0.081	0.167	0.026	0.004	-0.001
	（0.130）	（0.077）	（0.130）	（0.070）	（0.013）	（0.012）
水泵发动机功率（Log）	0.635***	0.367***	-0.172	-0.486***	-0.046	-0.074**
	（0.211）	（0.122）	（0.210）	（0.110）	（0.038）	（0.033）
常数项	6.930***	6.203***	1.439	0.713	2.750**	3.279**
	（1.008）	（0.715）	（1.006）	（0.676）	（1.356）	（1.344）
是否控制村级虚拟变量	是	是	是	是	是	是

注：①括号内为标准误差；*、**和***分别表示在10%、5%和1%的统计水平上显著。②SUR（Seemingly Unrelated Regressions）表示似不相关回归，IV（Instrumental Variable Estimation）表示工具变量回归。③同村其他受访者10年前转移的亲戚数量和本地非农就业的亲戚数量分别作为“外出务工劳动力占家庭劳动力的比例”和“本地非农就业劳动力占家庭劳动力的比例”的工具变量。

3.5.2 不同类型农户灌溉用水量和灌溉频率的多重比较分析

从灌溉用水的频率来看（见表3-7），第2组农户，即未采纳节水灌溉技术又存在非农就业的农户，进行灌溉的频率最低。第2组农户灌溉用水的平均

表3-7　不同类型农户灌溉频率的多重比较

组别		均值差异	标准差	P值	95%置信区间	
					下限	上限
1	2	0.436	0.257	0.091	-0.070	0.943
	3	0.176	0.293	0.548	-0.401	0.753
	4	-0.641	0.508	0.208	-1.641	0.359
2	1	-0.436	0.257	0.091	-0.943	0.070
	3	-0.260	0.348	0.455	-0.946	0.426
	4	-1.07752*	0.541	0.048	-2.145	-0.011
3	1	-0.176	0.293	0.548	-0.753	0.401
	2	0.260	0.348	0.455	-0.426	0.946
	4	-0.817	0.559	0.145	-1.919	0.285
4	1	0.641	0.508	0.208	-0.359	1.641
	2	1.07752*	0.541	0.048	0.011	2.145
	3	0.817	0.559	0.145	-0.285	1.919

注：*表示在10%的统计水平上显著。1=采纳节水灌溉技术的兼业农户；2=未采纳节水灌溉技术的兼业农户；3=采纳节水灌溉技术的纯农业农户；4=未采纳节水灌溉技术的纯农业农户。

次数与第1组和第4组农户的平均灌溉频次之间存在显著的差异性，且均通过了显著性检验。

同样是未采纳节水灌溉技术的农户（第2组和第4组），家庭劳动力参与了非农工作的农户与纯农业农户相比，灌溉频率更低。说明非农就业的“劳动力损失效应”影响了农户的灌溉用水情况。

然而，在兼业的农户中，采纳了节水灌溉技术的农户灌溉用水更频繁（第1组和第2组），说明节水灌溉技术的采纳能够有效弥补“劳动力损失效应”对农户灌溉用水的影响，原因可能在于采纳节水灌溉技术能够使农户用水得到保障，且灌溉用水更加便利。譬如，低压管的铺设使农户灌溉用水得到保障，取水用水更方便，农户为了获得灌溉的产出效应而频繁灌溉。

这一结果还反映了非农就业、节水灌溉技术采纳与农户灌溉用水之间的关系，即节水灌溉技术采纳并不一定会减少农户的用水量，因为虽然参与非农就业的农户灌溉用水次数有所减少，但节水灌溉技术可能使农户更频繁地进行灌溉，这与 Huffaker 和 Whittlesey（1995）、Wallander 和 Hand（2011）的研究结果相一致。

从不同类型农户的灌溉用水投入量来看（见表 3－8），第 1 组农户平均灌溉用水的投入量高于第 2 组农户，且通过了显著性检验。同样为兼业类型农户，已采纳节水灌溉技术的农户灌溉用水投入量较高，这与前文发现相一致，采纳节水技术的农户可能更加频繁地进行灌溉。同样采纳了节水灌溉技术的农户，兼业农户灌溉用水的平均投入量高于纯农户，说明非农就业对农户灌溉用水投入量产生了影响。值得注意的是，这一结果仅说明非农就业、采纳节水灌溉技术与灌溉用水投入量之间存在一定的关系，具体关系还有待进一步检验，因为灌溉用水的投入量不仅与灌溉频次、灌溉用水效率有关，还与农户家庭经营的规模有关。因此，在后续模型估计中，控制了农户耕作面积这一变量，进一步准确考察非农就业与灌溉用水投入量的关系。

表 3－8　不同类型农户灌溉用水量的多重比较

组别		均值差异	标准差	P 值	95% 置信区间	
					下限	上限
1	2	64.825	38.421	0.093	－10.902	140.552
	3	80.962	44.555	0.071	－6.857	168.780
	4	102.464	75.097	0.174	－45.554	250.481
2	1	－64.825	38.421	0.093	－140.552	10.902
	3	16.137	52.726	0.760	－87.786	120.059
	4	37.639	80.215	0.639	－120.465	195.744
3	1	－80.962	44.555	0.071	－168.780	6.857
	2	－16.137	52.726	0.760	－120.059	87.786
	4	21.502	83.327	0.797	－142.737	185.742

续表

组别		均值差异	标准差	P值	95%置信区间	
					下限	上限
4	1	-102.464	75.097	0.174	-250.481	45.554
	2	-37.639	80.215	0.639	-195.744	120.465
	3	-21.502	83.327	0.797	-185.742	142.737

注：1=采纳节水灌溉技术的兼业农户；2=未采纳节水灌溉技术的兼业农户；3=采纳节水灌溉技术的纯农业农户；4=未采纳节水灌溉技术的纯农业农户。

3.5.3 对灌溉相关投入的影响

估计结果为农户家庭劳动力非农就业与灌溉相关投资的关系提供了经验证据。在关于农户投资的水井这一因变量的模型估计中，无论在未控制其他变量的简单模型（见表3-5）中，还是控制后的模型（见表3-9）中，两个主要的非农就业变量估计系数均为正。运用工具变量法估计的结果显示，本地非农就业的劳动力对农户灌溉用水井的投资有显著的促进作用（见表3-9第2列）。其他影响农户投资水井的因素为受教育程度、风险偏好态度及耕地面积。

表3-9 农户家庭劳动力非农就业和灌溉投入的关系

	对水井的投资		
	（1）SUR	（2）IV	（3）Logit
外出务工劳动力占家庭劳动力的比例	0.037 (0.114)	0.364 (0.467)	0.203 (0.850)
本地非农就业劳动力占家庭劳动力的比例	0.118 (0.089)	0.800** (0.343)	1.046 (0.670)
农户家庭特征			
家庭劳动力总数	0.021 (0.016)	0.005 (0.021)	0.173 (0.134)

续表

	对水井的投资		
	（1）SUR	（2）IV	（3）Logit
16岁及以下未成年人占比	-0.257 (0.216)	-0.255 (0.245)	-2.355 (1.739)
60岁及以上老人占比	0.006 (0.109)	0.085 (0.129)	0.0306 (0.773)
受访者性别（1=男）	0.049 (0.060)	0.055 (0.062)	0.329 (0.464)
受访者年龄	-0.001 (0.003)	0.001 (0.003)	0.000548 (0.0203)
受访者受教育程度	-0.011 (0.009)	-0.017* (0.010)	-0.0879 (0.0687)
低风险技术偏好	-0.077 (0.062)	-0.138* (0.074)	-0.758 (0.462)
考虑未来发生情况	-0.125** (0.050)	-0.131** (0.052)	-0.932** (0.383)
农户家庭耕地特征			
耕地总面积（Log）	0.009 (0.007)	0.014** (0.007)	0.115 (0.0786)
地块数量	-0.010 (0.020)	-0.017 (0.021)	-0.0871 (0.191)
土地质量	-0.006 (0.053)	-0.029 (0.057)	0.127 (0.398)
常数项	0.631** (0.302)	0.369 (0.345)	
是否控制村级虚拟变量	是	是	

注：①括号内为标准误差；*、**分别表示在10%、5%的统计水平上显著。②SUR（Seemingly Unrelated Regressions）表示似不相关回归。③同村其他受访者10年前转移的亲戚数量和本地非农就业的亲戚数量分别作为“外出务工劳动力占家庭劳动力的比例”和“本地非农就业劳动力占家庭劳动力的比例”的工具变量。

3.5.4 对作物生产情况的影响

通过检验农户家庭劳动力非农就业对粮食作物产值和灌溉用水生产率的影响，发现虽然非农就业的劳动力占比较多的家庭会减少灌溉时间和用水投入量，但外出务工对粮食作物的总产值没有显著的影响，本地非农就业呈现显著的正向影响（见表3－10第2列）。家庭劳动力参与非农就业对灌溉用水的生产率有显著的正向影响（见表3－10第4列）。这与前文研究结果一致，即非农就业减少了抽取地下水的时间和灌溉用水的投入量，而且参与非农就业的农户更有可能采用小畦灌溉和低压灌溉来减少输水过程中的渗漏和蒸发损失。总体来看，相同产量水平下，参与非农就业的农户所抽取的地下水更少，灌溉用水的生产率得到提高。但农户家庭劳动力非农就业与灌溉用水效率的关系有待进一步检验。影响粮食作物产值的显著因素除了参与本地非农就业劳动力的比例外，主要是耕地面积和土地细碎化，说明适度扩大规模有利于增加农户种粮收入，而经营规模较大的农户单位灌溉用水的产出相对较高，但土地细碎化程度较高的农户则相反。

结果还表明参与本地非农就业的家庭劳动力占比越多，越有可能配置更多的耕地资源在小麦和玉米的种植上（见表3－10第6列、第8列）。一种合理的解释是，与蔬菜等经济作物相比，粮食作物更加节约劳动力，需要的灌溉频率相对较低。相对地，农户外出务工对小麦、玉米种植比例没有显著的影响。土地细碎化和农业用电价格对小麦和玉米的种植面积有显著的负向影响。土地细碎化和农业用电价格的增加不利于农户节约种植成本，尤其是灌溉用水的成本。分散的地块不容易共享灌溉资源，增加了农户获取灌溉用水的成本，同样不利于农户获得规模效应、采纳现代的节水灌溉技术，例如喷灌设备和低压管设备的铺设等，土地位置集中或规模化有利于节水技术的采纳。

此外，研究结果并没有显示非农就业与农户休耕决策有显著的关系（见表3－10第9、第10列）。影响农户休耕行为的主要因素是决策者的性别和用水价格。在其他条件相同的情况下，从事生产的女性农户产量较低且更可能做出休耕的决策。在非洲国家也存在类似情况，在同样的耕地状况下，女性比男性的耕作方式更加粗放（Udry，1996）。在尼日利亚南部，女性从事粮食生产的产量比男性少28%（Oseni 等，2015）。

表 3-10　农户家庭劳动力非农就业和粮食生产的关系

	总产值（Log）		每立方米水总产值		小麦种植比例		玉米种植比例		是否休耕	
	(1) SUR	(2) IV	(3) SUR	(4) IV	(5) SUR	(6) IV	(7) SUR	(8) IV	(9) SUR	(10) IV
外出务工劳动力占家庭劳动力的比例	0.074	0.239	0.281	2.802**	0.013	0.030	0.042	-0.004	0.131	-0.318
	-0.126	-0.515	-0.190	-1.258	-0.033	-0.130	-0.033	-0.134	-0.098	-0.378
本地非农就业劳动力占家庭劳动力的比例	0.034	0.876**	0.115	3.481***	0.020	0.189**	0.033	0.183*	-0.004	-0.136
	-0.098	-0.391	-0.149	-0.967	-0.025	-0.095	-0.026	-0.097	-0.076	-0.278
农户家庭特征										
家庭劳动力总数	0.001	-0.020	-0.039	-0.148***	0.003	0.001	0.000	-0.002	0.004	0.016
	-0.018	-0.023	-0.027	-0.055	-0.005	-0.006	-0.005	-0.006	-0.014	-0.017
16岁及以下未成年人占比	0.075	0.028	0.593*	0.889	-0.037	-0.054	0.033	0.002	-0.104	-0.207
	-0.238	-0.271	-0.360	-0.660	-0.062	-0.068	-0.063	-0.070	-0.185	-0.197
60岁及以上老人占比	-0.047	0.010	0.213	0.666*	-0.062**	-0.050	-0.033	-0.029	0.102	0.043
	-0.120	-0.142	-0.182	-0.346	-0.031	-0.036	-0.032	-0.037	-0.094	-0.104
受访者性别（1=男）	0.112*	0.106	-0.003	0.027	0.005	0.006	0.002	0.001	-0.132**	-0.141***
	-0.066	-0.069	-0.100	-0.168	-0.017	-0.017	-0.018	-0.018	-0.052	-0.050
受访者年龄	0.004	0.006*	0.004	0.009	0.001	0.001	0.001	0.002**	-0.002	-0.002
	-0.003	-0.003	-0.005	-0.008	-0.001	-0.001	-0.001	-0.001	-0.002	-0.002
受教育程度	0.011	0.002	0.017	-0.015	0.000	-0.002	0.000	-0.001	0.006	0.006
	-0.010	-0.011	-0.016	-0.027	-0.003	-0.003	-0.003	-0.003	-0.008	-0.008
低风险技术偏好	0.032	-0.031	0.171*	-0.171	-0.013	-0.024	-0.005	-0.012	0.080	0.108*
	-0.069	-0.082	-0.104	-0.201	-0.018	-0.021	-0.018	-0.021	-0.054	-0.060

续表

	总产值（Log）		每立方米水总产值		小麦种植比例		玉米种植比例		是否休耕	
	(1) SUR	(2) IV	(3) SUR	(4) IV	(5) SUR	(6) IV	(7) SUR	(8) IV	(9) SUR	(10) IV
考虑未来发生情况	0.031	0.028	0.020	0.014	0.010	0.008	0.015	0.013	-0.018	-0.019
	-0.055	-0.057	-0.084	-0.139	-0.014	-0.014	-0.015	-0.015	-0.043	-0.042
农户家庭耕地特征										
耕地总面积（Log）	0.876***	1.018***	0.218**	0.562***	-0.004*	-0.001	-0.003	0.000	-0.005	-0.006
	-0.073	-0.063	-0.110	-0.171	-0.002	-0.002	-0.002	-0.002	-0.006	-0.006
地块数量	-0.043*	-0.067**	-0.060*	-0.107*	-0.013**	-0.017***	-0.012**	-0.017**	0.004	0.004
	-0.023	-0.023	-0.035	-0.057	-0.006	-0.006	-0.006	-0.006	-0.018	-0.017
土地质量	0.124**	0.093	-0.018	-0.081	0.014	0.006	0.0289*	0.020	0.010	-0.001
	-0.058	-0.063	-0.088	-0.153	-0.015	-0.016	-0.015	-0.016	-0.045	-0.046
抽水用电价格（Log）	-0.128	-0.267	0.419	0.082	-0.152	-0.164*	-0.168*	-0.202**	0.537*	0.478*
	-0.235	-0.240	-0.356	-0.585	-0.095	-0.094	-0.097	-0.096	-0.285	-0.283
常数项	7.433***	6.956***	3.062***	1.203	0.658***	0.606***	-0.033	-0.134	-0.276	-0.112
	-0.354	-0.402	-0.536	-0.994	-0.111	-0.118	0.033	0.183*	-0.335	-0.349

注：①括号内为标准误差；*、**和***分别表示在10%、5%和1%的统计水平上显著。②SUR（Seemingly Unrelated Regressions）表示似不相关回归。③同村其他受访者10年前转移的亲戚数量和本地非农就业的亲戚数量分别作为“外出务工劳动力占家庭劳动力的比例”和“本地非农就业劳动力占家庭劳动力的比例”的工具变量。④各变量均控制了村级虚拟变量。

3.6　本章小结

为了进一步探究劳动力非农就业与粮食生产灌溉用水效率之间的内在关系，需要厘清非农就业的“劳动力损失效应”和“收入效应”通过哪些中介变量对粮食生产灌溉发挥作用，研究其中的传导机制有助于加深对非农就业与粮食生产灌溉用水效率之间关系的理解。

本章构建了一个农户非农就业影响灌溉管理和投入的简单理论模型，分析了非农就业影响灌溉用水的两条路径。基于农户地下水灌溉的家庭层面数据，利用似不相关回归（SUR）、三阶段最小二乘法（3SLS）和广义矩估计（GMM）方法的工具变量估计等方法，检验了农户家庭劳动力非农就业与粮食生产灌溉的管理、灌溉投资和作物生产三方面的关系。结果表明无论是外地务工还是本地非农就业，农户家庭劳动力参与非农就业均产生了“劳动力损失效应”，对农户灌溉环节的管理产生了影响。农户家庭劳动力非农就业显著减少了粮食生产灌溉的总时长和灌溉用水总投入量。而“收入效应”通过对灌溉水井的投资体现出，农户参与本地非农就业有利于增加其在水井方面的投入。此外，农户家庭劳动力非农就业的负面影响效应并没有带来农业生产的减产，相反地，单位灌溉用水的产值有所提高。

从灌溉用水的频率来看，未采纳节水灌溉技术又存在非农就业的农户进行灌溉的频率最低。同样是未采纳节水灌溉技术的农户，家庭劳动力参与了非农工作的农户与纯农业农户相比，灌溉频率更低。在兼业的农户中，采纳节水灌溉技术的农户灌溉用水更频繁，说明节水灌溉技术的采纳能够有效弥补“劳动力损失效应”对农户灌溉用水的影响，原因可能在于采纳节水灌溉技术能够使农户用水得到保障，且灌溉用水更加便利，因而增加了农户的灌溉频率。

其他影响灌溉频率和时间的变量包括农户家庭劳动力总数、老人和未成年人的比例以及受访者的年龄，说明了农村劳动力老龄化会降低粮食生产灌溉的劳动力投入水平。抽水用电价格对粮食生产灌溉的频次有显著的负向影响，说明农户作为理性的经济人，在从事农业生产时追求利润最大化，因而为降低成本减少了粮食生产灌溉。

第4章　华北地区粮农节水灌溉技术采纳行为分析

在保证农业生产顺利进行、保障国家粮食安全的前提下，发展节水农业和提高农业水资源利用效率，关键在于对农业节水灌溉技术的推广。然而，我国节水灌溉技术推广的进程相对缓慢。尤其是近几年华北平原地区的地下水超采问题引起了广泛的关注，为了有效遏制地下水超采现象、缓解地下水超采带来的不利影响，河北等地区探索了生物节水、农艺节水、工程节水和管理节水一体化的综合治理模式，加强了节水灌溉技术的推广，发展了高效、节水的农业灌溉。可以看出，促进节水灌溉技术的推广在发展资源节约型农业、保障国家粮食安全中发挥着不可忽视的作用，尤其是在水资源较为匮乏的区域，促进农户采纳节水灌溉技术具有重要的现实意义。

本章首先从理论层面讨论了非农就业对农户节水灌溉技术采纳行为可能产生影响的路径，为后续研究提供理论支撑。其次沿着农户技术采纳的过程，依次考察非农就业对农户技术认知、对技术的评价、采纳意愿、采纳行为和采纳方式的影响。最后通过对劳动力非农就业的程度和节水灌溉技术的种类划分，深入探究农户家庭劳动力在不同程度上的非农就业对其采纳不同类型节水灌溉技术有何差异化影响。具体思路如图4－1所示。通过考察农户家庭劳动力非农就业情况对节水灌溉技术采纳的影响机制，能够加深对劳动力非农就业与灌溉用水之间关系的理解，为我国干旱缺水地区的节水灌溉技术推广政策提供新的视角、经验证据和参考。

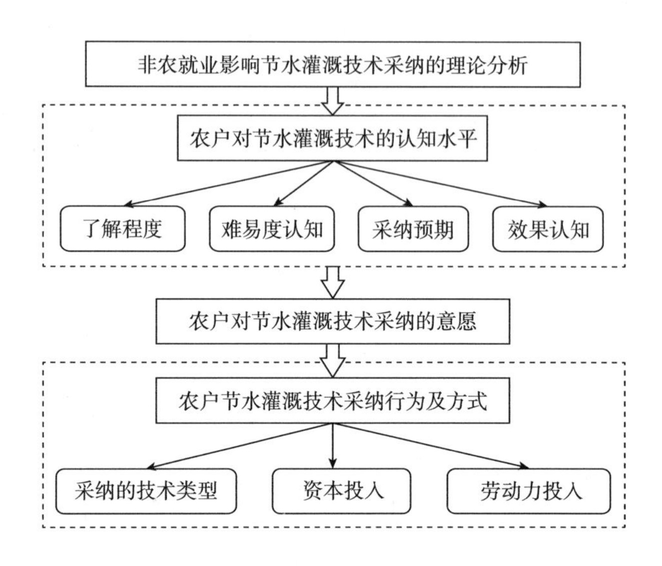

图 4-1　本章结构

4.1　非农就业影响农户节水灌溉技术采纳的理论分析

正如劳动力转移经典理论中的推拉理论所描述，劳动力转移的过程中既存在起促进作用的推力，又存在具有阻碍作用的拉力。类似地，劳动力转移对于农业生产也产生了两面的影响，对农户技术采纳的过程形成推力和拉力。推力

主要体现在非农就业带来的增收效应上，而拉力不仅来源于收入结构多元化带来的农民对农业生产依赖性的降低（如留守劳动力“搭便车”行为），更多来自于家庭劳动力资源禀赋及其结构的变化。

换言之，非农就业的“收入效应”可能为农户采纳农业技术提供推力，但“劳动力损失效应”则可能成为反向的拉力。节水灌溉技术属于农业技术中的一种，从文献综述中可以看出，农户家庭经济状况是影响节水灌溉技术采纳的重要因素。农户获得信贷的能力与其收入状况结合在一起对农业节水灌溉技术的采用产生影响。如果非农就业能够带来农户家庭收入的增长，在一定程度上缓解农户面临的资金约束，同时增加农户的信贷能力，那么非农就业很有可能为节水灌溉技术的采纳提供助推力。至于非农收入是否用于农业生产的再投入，尤其是节水灌溉技术方面的投入，受到农户对农业生产依赖性的影响（De Brauw，2001）。也就是说，如果非农就业削弱了农户对于农业生产的依赖性，留守务农的家庭成员能够在收入上“搭便车”，农业劳动积极性下降，那么积极性的减退达到一定程度必定会使非农就业成为节水灌溉技术采纳的阻力。

“要素稀缺诱致性技术创新理论”在农户对新技术采纳的诱导机理方面是最具代表性的理论。早在1985年，Hayami 和 Ruttan（1985）就提出，在不确定性条件下和制度环境约束下，农户会根据生产要素价格的相对变动选择新技术，即要素稀缺会诱导农户采用节约该要素的技术。例如，从长期来看，美国的农业技术创新走“劳动力节约型”的道路，而日本主要走以节约土地为主的生物技术进步的道路，正是这一理论的经验证明。但从微观层面和短期看，研究的结果不尽一致。一部分研究证明了劳动力转移引起农业劳动力减少对劳动节约型技术的诱导效应；另一部分研究则强调了劳动力的非农就业增加了技术采纳的机会成本，降低了农户对技术采纳的预期收益，对采纳行为形成阻力。因此，可以看出非农就业带来的劳动力和收入两方面的效应对农户技术采纳行为存在复杂的影响，二者都可能对农业技术采纳行为形成推力和拉力。

有研究进一步发现，农户对新技术的采纳确实源自劳动力转移产生的要素稀缺诱导，但诱导力的作用受到了其他因素的影响，例如，人力资本、农户信息水平、技术服务等因素（王爱民，2015）。在节水灌溉技术方面，Koundouri和Nauges（2006）也发现，人力资本对农户采纳现代化灌溉技术和设备具有显著的影响。也就是说，无论推力还是拉力都将受到其他因素的影响，但影响的方向有待检验。

以上从劳动力非农就业的后置影响角度探讨，发现其对农户技术采纳的影响是复杂多变的。从节水灌溉技术采纳行为本身来看，首先，农户对节水灌溉技术类型的偏好、认知对其采纳行为产生主观影响。节水灌溉技术的种类对要素投入的要求也是不同的，传统型节水灌溉技术对劳动力投入的要求高，但现代化节水灌溉技术对初始资本投入的要求高，需要农户的集体决策，这一过程增加了决策行为的复杂性。其次，农户对节水灌溉的需求程度和采纳程度也受到个体差异和集体行为的影响。有研究发现节水灌溉技术采纳率与农户兼业程度之间存在“倒U形”关系（朱明芬，2001），非农就业提高了农户对技术风险的认知和技术知识水平，但随着兼业水平提高，农业机会成本增加，又导致农户对技术采用的倾向降低（满明俊和李同昇，2010）。最后，到底是风险最小灌溉者还是利润最大化灌溉者（韩洪云，2000），还会受到其他因素的影响，如农业生产性收入在家庭收入中所占比重、用水成本等因素。

进一步考虑节水灌溉技术采纳行为是否必定带来用水量的减少和灌溉用水效率的增加，从而达到农业用水节约的目的。研究结果目前也存在争议，Huang等（2017）认为节水灌溉技术采纳能够降低灌溉用水的投入量，但节水效应主要来自于农户家庭层面和社区集体层面采纳的节水灌溉技术。无论是传统的还是现代的节水灌溉技术都未对作物结构和作物灌溉面积产生显著影响。此外，有研究认为节水灌溉系统能否真正降低灌溉用水的投入量还取决于其他经济因素和自然条件，例如农户资源禀赋条件、农民运用节水技术的熟练程度和技巧、土壤环境等（Peterson 和 Ding，2005；Ward 和 Pulido – Velazquez，2008）。然而，以上研究均认为农户的个体和家庭特征是影响节水灌溉技术采纳效应的重要因素，尤其是家庭劳动力特征和人力资本投入两方面。当然，以上仅从理论层面探讨非农就业对节水灌溉技术采纳及其效应的潜在影响路径，还需要更多的经验证据进行验证。

假设在简单的经济活动中，利润最大化的农户种植灌溉一种单一作物，且农户是风险中性的，其采用节水灌溉技术的效用为 $U_A^*(\pi)$，未采用节水灌溉技术的效用为 $U_N^*(\pi)$，π代表净收入，因此，当 $U_A^*(\pi) > U_N^*(\pi)$时，节水灌溉技术采纳行为发生。这一行为决策的过程参数不能够直接观测到，但可用潜在的变量表示，即当 $U_A^*(\pi) > U_N^*(\pi)$ 时，$U(\pi)=1$；当 $U_A^*(\pi) < U_N^*(\pi)$ 时，$U(\pi)=0$。

农户采纳节水灌溉技术的效用可用以下式子表达：

$$U(\pi) = \beta x_i + \varepsilon_i \tag{4.1}$$

其中，x 代表影响节水灌溉技术采纳效用的因素，包括农户非农就业情况、自身的特征、土地特征等因素，β 为待估系数，ε 为误差项。

因此，农户采纳节水灌溉技术的可能性为：

$$\begin{aligned} P(U=1 \mid x) &= P(U_A^*(\pi) > U_N^*(\pi)) \\ &= P(\varepsilon_i > -\beta x_i) = 1 - F(-\beta x_i) = F(\beta x_i) \end{aligned} \tag{4.2}$$

$$P(U=1 \mid x) = F(\beta_0 + \beta_1 x_1 + \beta_2 x_2 + \cdots + \beta_n x_n) \tag{4.3}$$

其中，F 表示方程的累计分布，对于 F 不同形式的假设即代表了不同的计量经济模型。劳动力转移新经济学理论（NELM）假设，在不完全劳动力和资本市场条件下，劳动力转移所带来的劳动力流失和收入增加将会对农业生产产生复杂的影响。实证经验也证明了大部分农村地区的劳动力和资本市场是不完善的（Wang，2014）。由于劳动力转移所带来的劳动力资源的流失不能够被完全、有效地替代，农户家庭劳动力资源的减少将会影响其农业生产决策。在中国农村地区，信贷市场的发展并不完善，因此非农就业有利于农户利用工资性、财产性收入雇佣劳动力、购买其他农业生产物资或进行农业生产的技术改进，以弥补劳动力流失对农业生产的不利影响。

4.2 非农就业对农户节水灌溉技术认知、评价的影响

4.2.1 农户节水灌溉技术认知的信息渠道

认知过程是技术扩散过程中的基本环节（国亮和侯军岐，2011），农户对节水灌溉技术的认知程度是影响其技术选择行为的重要因素（许朗和刘金金，2013）。然而，目前大部分农业生产者对节水灌溉技术尤其是先进的现代化节水灌溉技术的认识和了解较少，导致技术在转化为生产力的过程中历经坎坷。由于缺乏对节水灌溉技术的有效认知，农户对该类技术采纳缺乏信心，进而技术扩散进程出现滞后（黄玉祥等，2012）。Puris（1995）和 Koundouri（2006）也发现，农户对新技术并不完全了解，导致其对未来经济收益的预期存在不确定性，进而使其技术采用的决策也面临着不确定性。因此，农户对节水灌溉技术认知程度在技术应用和推广的过程中扮演着重要的角色。

本书中样本农户对节水灌溉技术的认知渠道主要有自学、网络学习和农业技术推广服务等，自学的方式包括技能知识的代际传递和通过广播、电视或互联网等媒体获得相关信息；网络学习并非指互联网学习，而是社会网络的学

习，通过其他农户的技术示范或与熟人、能人和亲戚朋友的交流获得信息，习得知识，提高认知水平；农业技术推广服务包括负责技术推广机构的服务、组织机构（如合作社）的宣传和政府组织的推广服务。此外，在实地调查中发现个别农户对节水灌溉技术的认知来自于销售人员的推广，例如销售灌溉用管道和喷头等设备的公司人员。

从表4-1中可看出，存在非农就业的家庭信息渠道更宽，尤其在对低压管灌溉技术和渠道防渗技术的认知方面，存在非农就业家庭的信息渠道基本覆盖了全部可供选择的途径，而没有从事非农工作的家庭获取信息的渠道主要是自学、行政机构的宣传和其他农户的示范效应。此外，偏向于在县级范围内从事非农工作的家庭获取信息的渠道稍多，原因可能是异地非农就业较多的家庭由于离农程度较高，会更少地关注农业技术信息。

表4-1　农户节水灌溉技术认知的信息来源渠道

信息渠道	存在劳动力非农就业的家庭（%）	不存在劳动力非农就业的家庭（%）	劳动力在本地非农就业较多的家庭（%）	劳动力在外地非农就业较多的家庭（%）
小畦灌溉技术认知信息来源				
1	61.82	38.71	56.96	63.16
2	0	0	0	0
3	13.94	32.26	17.72	13.16
4	0	0	0	0
5	19.39	22.58	19.62	21.05
6	4.85	6.45	5.06	2.63
土地平整技术认知信息来源				
1	77.62	77.78	76.35	83.87
2	0.7	2.78	1.35	0
3	6.29	2.78	5.41	6.45
4	0	0	0	0

续表

信息渠道	存在劳动力非农就业的家庭（%）	不存在劳动力非农就业的家庭（%）	劳动力在本地非农就业较多的家庭（%）	劳动力在外地非农就业较多的家庭（%）
5	10.49	8.33	10.14	9.68
6	4.2	8.33	6.08	0
低压管灌溉技术认知信息来源				
1	37.34	37.93	34.48	47.62
2	1.27	0	1.38	0
3	40.51	34.48	42.07	30.95
4	0.63	0	0.69	0
5	20.25	24.14	20.69	21.43
6	0	3.45	0.69	0
渠道防渗技术认知信息来源				
1	39.78	31.25	36.56	50
2	3.23	0	2.15	6.25
3	35.48	37.50	35.48	37.5
4	1.08	0	1.08	0
5	20.43	31.25	24.73	6.25
6	0	0	0	0

注：1 = 通过电视、广播、书报或互联网等渠道自学；2 = 农业技术推广机构的服务；3 = 政府组织的宣传推广；4 = 合作社、用水协会等组织的推广服务；5 = 其他农户的技术示范或通过熟人介绍了解；6 = 其他途径了解。

陈瑛等（2012）的研究也证明了农户的社会网络和信息来源渠道的拓展与劳动力非农就业有着不可分割的关系。非农就业的经历有助于农户自身社会资本的提升，拓宽农户信息来源渠道。信息渠道的拓展是否进一步影响了农户对节水灌溉技术的认识，还有待进一步验证。

4.2.2 研究假设的提出

学界最初对农户节水灌溉技术认知的探讨，是将认知因素作为影响节水灌溉技术采纳的因素之一进行研究，说明了认知因素在促进农户采纳节水技术方面的作用。近期，有许多学者开始重点关注农户技术认知对技术的采用的影响。Brodt S.（2006）认为农户作为独立的生产者，对农业技术采用具有独立的选择权，其技术认知在一定程度上影响着农业技术的采用。Kabunga 等（2012）认为农户对新技术的认知具有异质性，进而对新技术的采用决策产生差异；朱月季（2015）通过分析非洲农户对新技术采纳决策的影响发现，感知有用性和感知易用性对农户新技术采纳有显著正向影响；石洪景（2015）发现农户对技术效果的感知对农业技术采用有显著影响。李曼等（2017）利用张掖市农户调查资料，对节水灌溉技术采用的关键因素进行识别，重点考察了农户技术认知和政府支持在节水灌溉技术采用中的作用。

在已有的研究基础上，学者们关注了农户认知因素对技术采用的影响，但往往从技术效果认知方面刻画技术认知，处理相对简化。实际上，农户对节水技术认知，不仅包括对技术本身的认知，还包括对技术的增产增收效果和技术使用便利性的认知等方面。因此，在已有研究基础上，本章将农户对节水灌溉技术的认知分为对技术的了解程度、对技术壁垒的认知、对技术采纳的预期和对技术采纳效果的认知四个方面，这四个方面也反映了农户对技术的评价过程。

此外，近期有不少学者开始关注农户的信息渠道、社会关系网络等因素对农户技术采纳的影响，乔丹等（2017）发现农户社会网络通过拓展其信息获取的渠道，提升了农户对节水灌溉技术水平的认知，降低了技术采纳的风险并最终促进了农户的节水灌溉技术采纳行为。而农户的社会网络和信息来源渠道的拓展与劳动力非农就业有着不可分割的关系。非农就业的经历有助于提升农户自身社会资本（陈瑛等，2012），拓宽农户信息来源渠道。

基于此，本节提出以下有待验证的假设：

假设 1：农户家庭劳动力非农就业有助于拓宽其获取技术信息的渠道，从而对农户节水灌溉技术的整体认知水平具有提升效应。

假设2：非农就业对农户节水灌溉技术认知水平的影响在不同的技术类型上存在差异。

假设3：非农就业对农户节水灌溉技术评价产生了影响。

4.2.3　模型设定与变量设置

农户对节水灌溉技术的认知为离散变量，属于多值响应问题，故采用有序响应模型（Ordered Logit）对以上研究假设进行验证，实证分析了不同类型的农户对传统和现代节水灌溉技术的认知差异。构建实证模型如下：

$$Y_{kiv}^{*}=\beta_{k0}+\beta_{k1}M_{iv}+\beta_{k3}H_{iv}+\beta_{k2}L_{iv}+\beta_{k2}W_{iv}+\varepsilon_{kiv} \tag{4.4}$$

Y_{kiv}^{*}表示第v个村庄中第i户农户粮食生产中的第k个被解释变量，主要包括农户对节水灌溉技术的认知程度及其对以畦灌技术和土地平整为代表的传统型节水技术的认知，以及农户对低压管灌溉技术和渠道防渗技术为代表的现代节水灌溉技术的认知。此外，被解释变量还包括农户对节水灌溉技术的评价，即采纳难度、采纳效果和对技术采纳的预期。M_{iv}、H_{iv}、L_{iv}、W_{iv}分别表示影响农户技术认知的因素，ε_{kiv}为随机误差项，服从Logistic分布。

由于Y^{*}表示农户对节水灌溉技术的主观认知，属于潜在变量，无法测量其具体的数值，但在实地调查研究中，受访者可以根据其主观的程度依次选择认知的均值，因此将认知值Y设置为1～5的连续整数离散值。令ϕ_i($i=1$，2，3，4，5)为临界值，则Y值取决于Y^{*}和临界值之间的比较关系，具体描述为：

$$Y=\begin{cases}1, & Y^{*}\leqslant\phi_1\\ 2, & \phi_1\leqslant Y^{*}\leqslant\phi_2\\ 3, & \phi_2\leqslant Y^{*}\leqslant\phi_3\\ 4, & \phi_3\leqslant Y^{*}\leqslant\phi_4\\ 5, & \phi_4\leqslant Y^{*}\leqslant\phi_5\end{cases}$$

$Y=1,2,3,4,5$ 依次表示农户从未听说、不了解、了解一些、比较了解和非常了解节水灌溉技术。又因为假设了随机误差项 ε_{kiv} 服从 Log 分布，简写式(4.4)为 $Y^*=\beta X+\varepsilon$，用 $F(\cdot)$ 表示其累积分布函数，则受访者选择 Y^* 的概率为：

$$\begin{cases}P(Y=1\mid X)=P(Y^*\leqslant\phi_1\mid X)=F(\phi_1-\beta X)\\P(Y=2\mid X)=P(\phi_1\leqslant Y^*\leqslant\phi_2\mid X)=F((\phi_2-\beta X)-(\phi_1-\beta X))\\P(Y=3\mid X)=P(\phi_2\leqslant Y^*\leqslant\phi_3\mid X)=F((\phi_3-\beta X)-(\phi_2-\beta X))\\P(Y=4\mid X)=P(\phi_3\leqslant Y^*\leqslant\phi_4\mid X)=F((\phi_4-\beta X)-(\phi_3-\beta X))\\P(Y=5\mid X)=P(\phi_4\leqslant Y^*\leqslant\phi_5\mid X)=F(1-(\phi_5-\beta X))\end{cases}$$

利用最大似然估计法估计出参数 β_i，该参数即反映了各自变量与农户节水灌溉技术认知程度之间的比较关系。模型拟合优度的检验结果 $\chi^2=189.103$，且在1%的显著性水平上通过检验，-2 倍对数极大似然值为124.764，说明模型整体拟合优度较好。

式(4.4)中 M_{iv} 系列变量是本书所关注的重要变量，包括农户家庭劳动力在本地从事非农工作的比例和在异地从事非农工作的比例。在县城以上区域从事非农工作，并且每年回家次数不超过五次的劳动力，即定义为外出务工劳动力。在县级及以下区域从事非农工作，仍在家中居住的劳动力为本地非农就业劳动力。通常在本地从事非农工作的劳动力并没有完全脱离农业生产，在农忙季节仍然参与家庭农业生产经营活动。两类变量均运用农户外出务工或本地非农就业劳动力占家庭劳动力总数的比例形式。相较于以往研究中的衡量劳动力非农就业的变量，如农业劳动力是否从事非农行业的虚拟变量、劳动力非农就业的人数等，本书中的变量采取比例形式，能够直接反映农户家庭劳动力非农就业的程度。

农户家庭特征系列变量 H_i 包括家庭劳动力资源禀赋特征和受访者(一般是

家庭农业生产经营的决策者）特征两方面。以往研究发现人力资本会影响农户节水灌溉技术认知（Koundouri 等，2006），故家庭特征变量和决策者特征都应纳入模型考虑范围之内。两方面的系列变量共同反映了农户家庭拥有的劳动力资源禀赋情况。家庭劳动力资源禀赋特征包括家庭人口总数、16 岁以下未成年人和 60 岁及以上的老年劳动力所占比例；受访者特征包括了受访者的性别、年龄和受教育情况，还包括衡量受访者风险态度和对水资源缺乏程度认知的变量。本书使用两个虚拟变量衡量受访者的风险态度，一是农户是否偏好低风险、低收益的技术类型，二是农户是否为未来会发生的意外情况做好准备。

描述农户家庭土地特征的变量 L_i 包括农户家庭耕地总面积、土地块数、土地确权和受访者对家庭耕地质量的评价。家庭耕地总面积反映了农户家庭粮食生产的规模，耕地面积越大，农户灌溉用水需水量越大，在灌溉中的蒸发与渗漏越多，对技术的需求越大，因此假设家庭耕地面积与农户对节水技术的认知存在正相关的关系。土地块数反映了农户土地细碎化的程度，细碎化程度高的耕地提高了家庭粮食生产灌溉的难度，预期增加灌溉用水量和灌溉时长，因此假设土地块数对认知有负向影响。土地是否确权是农户考虑是否对土地进行投资的重要因素，因为假设确权的土地上农户对节水技术的认知度更高。土地质量变量为受访者对家庭耕地质量的评级。耕地质量越好，灌溉需水量越少，灌溉过程中的蒸发渗漏越少，因此假设耕地质量对农户节水灌溉技术认知为负。

W_{iv}为描述灌溉用水特征的变量，包括用水价格、农户接受的技术培训以及与其他熟人的技术交流情况。农户接受农业技术推广服务的情况为农户提供了学习、了解灌溉节水技术的渠道和机会，常与其他农户交流也能够有效提升农户对技术的认知水平。灌溉用水的价格作为控制变量也纳入模型考虑的范围，因为用水价格越高的地区，农户进行灌溉的成本越大，越有动力了解节水灌溉技术。

4.2.4　非农就业对农户节水灌溉技术认知的影响

从对农户节水灌溉技术认知的描述性分析（见表4-2）来看，样本区域农户对节水灌溉技术的认知程度总体较低。仅有7.27%的农户选择了“比较了解”或“非常了解”，另有69.55%的农户并不了解节水灌溉技术，其中17.30%的农户甚至从未听说过。农户对节水灌溉技术整体认知水平不高的现象是我国节水灌溉发展的现实情况之一，这一现象和以往研究（黄玉祥等，2012；李曼，2017）中的情况相类似。

表4-2　农户对节水灌溉技术的认知程度

单位:%

	总体认知	畦灌技术	土地平整	低压管灌溉技术	渠道防渗技术
从未听说过	17.30	24.20	20.76	21.80	44.98
听说过，但不了解	52.25	12.80	13.49	21.80	26.99
了解一些	23.18	34.60	13.84	35.29	21.11
比较了解	5.54	20.76	27.68	16.61	5.19
非常了解	1.73	7.61	24.22	4.50	1.73

注：数值为符合该认知程度的农户数量占总数的百分比。

相对于低压管灌溉等现代化技术，农户对传统型节水灌溉技术的认知程度较高。大部分农户对小畦灌溉（62.97%）和土地平整（65.74%）等灌溉技术有所了解，这类技术的采用难度较低，多为农户个体所采用。而低压管技术多在集体层面采纳，需要初始的资金投入，因而认知程度不高，了解的农户占55.40%。样本区域农户普遍对渠道防渗技术的认知较低，44.98%的农户从未听说过，而了解该技术的农户仅占28.03%。造成这种现象的原因主要是研究区域特征的限定，华北平原大部分地区水资源匮乏，地下水灌溉方式居多，渠水灌溉主要分布在南水北调工程沿线的地区，但也不能保证充足的灌溉。因此，农户对渠道防渗技术的认知水平不高。

从对模型的估计结果（见表4-3）来看，非农就业影响农户对节水灌溉技术的总体认知程度，而且本地非农就业促进了农户节水灌溉技术认知水平的提升。相反，异地迁移对认知程度的影响并不显著，而且从符号来看，异地迁移对其有不明显的阻碍作用。这与表4-1中本地非农就业的农户信息来源渠道更广相一致。异地非农就业的农户一般与农业生产的联系较本地非农就业的农户更弱。以上结果与以往研究相一致，证明了非农就业的经历有助于提升农户自身社会资本（陈瑛等，2012），拓宽农户信息来源渠道，从而提高农户对节水灌溉技术的认知水平。检验结果证明，本节的假设1成立。

表4-3　非农就业对农户节水灌溉技术认知程度影响的估计结果

	MLE参数估计	标准误
农户家庭特征变量		
家庭劳动力中异地非农就业的比例	-0.224	0.563
家庭劳动力中本地非农就业的比例	0.725*	0.429
家庭总人数	-0.097	0.078
16岁以下人数占比	1.050	1.307
60岁以上人数占比	0.0320	0.646
受访者特征变量		
性别（1=男性）	0.076	0.297
年龄	-0.0002	0.017
受教育年限	0.020	0.050
偏好低风险、低收益技术类型	0.052	0.296
考虑未发生的情况	-0.679*	0.368
认为所在区域水资源匮乏	0.123	0.559
土地特征变量		
家庭耕地面积	0.004	0.037

续表

	MLE 参数估计	标准误
地块数量	0.023	0.103
土地确权	0.538	0.336
土地质量主观意见	0.738 ***	0.283
灌溉用水特征变量		
灌溉用水成本电费（元/千瓦时）	-0.240	1.984
接受过技术培训	1.659 ***	0.599
接受过技术推广服务	0.340	0.381
常与其他农户交流技术情况	0.213	0.267
常数项	1.545	1.641

注：* 与 *** 分别表示在 10% 和 1% 的统计水平上显著。

其他影响农户节水灌溉技术认知的因素主要有农户的风险态度、对土地质量的评价和技术培训服务。首先，衡量农户风险态度的变量对其节水灌溉技术认知具有显著的影响。风险偏好的农户对技术的认知程度更低，原因是风险厌恶的农户要对预期之外的突发事件（例如干旱等气象灾害）做好准备，可能更有动力了解灌溉方面的技术知识。其次，农户对家庭耕地质量的评价显著影响了其节水灌溉技术认知。认为家庭土地质量好的农户对节水灌溉技术的认知更高，说明提高土地质量对节水灌溉的发展有利，与水土保护的技术推广同时进行可能更有效。最后，是否参与技术培训对农户的节水灌溉技术认知具有显著影响，说明技术培训显著影响了农户对节水灌溉技术的认知水平，证实了技术培训等服务是提高农户技术认知的有效手段，也是农户获取节水灌溉技术重要信息的渠道。

4.2.5　非农就业对农户节水灌溉技术评价的影响

在以往对农户节水灌溉技术认知的研究中，学者们往往从技术效果认知方面刻画技术认知，处理相对简化。而对节水灌溉技术的认知不仅包括对技术的了解程度，还包括对技术壁垒的认知（即对技术采纳难度的认知）、对技术采纳的预期和对技术采纳效果的认知三个方面，反映了农户对节水灌溉技术的评价。农户对节水技术的评价不仅影响其节水灌溉技术采纳行为，还会对技术信息的扩散产生影响，因为农户更多地在与其他近邻、亲朋好友的交流中获取技术信息。

表4－4展示了非农就业影响农户对节水灌溉技术其他方面认知程度的实证检验结果。估计结果有力证明了非农就业显著影响农户对节水灌溉技术采纳难度的主观认知，证明本节的假设3成立，即非农就业对农户节水灌溉技术评价产生了影响。无论是在本地还是异地从事非农工作，农户家庭劳动力非农化程度越高越容易克服技术壁垒，认为技术采纳的难度越低。而感知有用性和感知易用性对农户新技术采纳有显著正向影响（朱月季，2015）。这一结果侧面佐证了非农就业对农户资本约束的缓解效应，因为现代化节水灌溉技术的壁垒大多在于初始资金的投入，而传统的节水灌溉技术难度本身较小。另外，非农就业并不显著影响农户对节水灌溉在劳动力节约、增产效果等方面的认知程度。

表4－4　非农就业对农户节水灌溉技术评价的影响

	对技术采纳难度的认知	对技术节约劳动力效果的认知	对技术增产效果的认知	对技术采纳的预期
农户家庭特征变量				
家庭劳动力中异地非农就业的比例	－1.764**	－0.698	0.396	－0.595
	(0.742)	(0.819)	(0.861)	(0.887)
家庭劳动力中本地非农就业的比例	－1.336**	－0.744	0.899	－0.337
	(0.520)	(0.555)	(0.710)	(0.584)
家庭总人数	0.095	－0.015	－0.041	0.155
	(0.097)	(0.092)	(0.105)	(0.097)

续表

	对技术采纳难度的认知	对技术节约劳动力效果的认知	对技术增产效果的认知	对技术采纳的预期
16岁以下人数占比	-0.924 (1.611)	0.226 (1.404)	1.278 (1.779)	-0.609 (1.691)
60岁以上人数占比	0.343 (0.745)	0.0221 (0.853)	0.816 (0.811)	-0.205 (0.721)
受访者特征变量				
性别（1=男性）	0.724 (0.442)	0.432 (0.396)	0.526 (0.473)	-0.149 (0.452)
年龄	-0.006 (0.025)	-0.0003 (0.020)	0.028 (0.024)	0.021 (0.021)
受教育年限	-0.116 (0.074)	0.039 (0.060)	0.053 (0.073)	0.031 (0.076)
偏好低风险、低收益技术类型	0.198 (0.466)	0.122 (0.395)	0.155 (0.452)	-0.0192 (0.470)
考虑未发生的情况	0.907** (0.401)	0.393 (0.325)	0.088 (0.386)	0.447 (0.370)
认为所在区域水资源匮乏	1.375** (0.580)	1.364* (0.746)	0.900 (0.954)	0.949 (0.957)
土地特征变量				
家庭耕地面积	0.116*** (0.044)	0.147*** (0.052)	0.109** (0.048)	0.0703 (0.056)
地块数量	-0.331*** (0.128)	-0.268* (0.150)	-0.248 (0.167)	-0.265* (0.151)
土地确权	0.258 (0.443)	-0.685 (0.423)	-0.299 (0.469)	-0.146 (0.449)
土地质量主观意见	-0.774** (0.362)	-1.170*** (0.347)	-0.692 (0.431)	-1.081** (0.443)
灌溉用水特征变量				
灌溉用水成本电费（元/千瓦时）	-4.780* (2.619)	-0.539 (1.898)	-0.601 (2.291)	-0.0216 (2.257)

续表

	对技术采纳难度的认知	对技术节约劳动力效果的认知	对技术增产效果的认知	对技术采纳的预期
接受过技术培训	0.302 (0.795)	-0.473 (0.546)	0.701 (0.703)	1.297* (0.759)
接受过技术推广服务	-0.595 (0.443)	0.546 (0.432)	-0.0244 (0.477)	-0.417 (0.546)
常与其他农户交流技术情况	0.284 (0.241)	-0.159 (0.228)	-0.503** (0.255)	-0.340 (0.318)
常数项	-1.939 (2.197)	0.216 (2.051)	2.610 (2.266)	0.216 (2.051)

注：括号内为标准误差；*、**和***分别表示在10%、5%和1%的统计水平上显著。

此外，家庭经营规模显著影响了农户对节水灌溉技术的评价，耕地面积大的农户对节水灌溉技术的增产效果、节约劳动力效果均有更高的认知和评价，但其认为技术采纳的难度也相对较高。这一结果符合现实情况，对于传统型节水技术来说，家庭经营规模更大的农户采纳小畦灌溉的劳动力成本更高，采纳的难度更大；对于现代化节水灌溉技术来说，耕地面积较大的农户所需要的初始投入资金和灌溉设备维护成本均高于小规模种植农户。因此，虽然种植大户更有动力了解节水灌溉技术的效果，但技术采纳的难度较高。

相反地，地块数量对农户节水灌溉技术评价具有显著的负向影响。土地更加分散的农户认为即便采纳了节水灌溉技术，也不能取得满意的结果，尤其是节约劳动力的效果不明显。因而耕地细碎化程度更高的农户对技术采纳的预期更低。这一结论与其他研究结果相吻合（黄玉祥等，2012；李曼，2017），规模经营农户对节水灌溉技术的认知水平更高，而土地细碎化对认知水平的提高有显著的阻碍作用。

4.2.6　非农就业对不同类型节水灌溉技术认知的影响

前文研究表明，非农就业对农户节水灌溉技术认知的整体水平有显著的正向影响，通过进一步考察非农就业对不同类型节水灌溉技术认知的影响（见表4－5）发现，非农就业对农户节水技术认知的影响效应在不同类型的节水灌溉技术认知上具有差异性，证明了本节的假设2成立。

表4－5　农户对不同类型节水灌溉技术的认知

	小畦灌溉	土地平整	低压管灌溉	渠道防渗技术
农户家庭特征变量				
家庭劳动力中异地非农就业的比例	0.305 (0.563)	－1.544 (0.750)	1.114** (0.484)	0.235 (0.469)
家庭劳动力中本地非农就业的比例	0.882** (0.425)	0.0726 (0.551)	－0.361 (0.476)	0.125 (0.458)
家庭总人数	－0.083 (0.083)	0.006 (0.099)	0.058 (0.067)	－0.195** (0.087)
16岁以下人数占比	0.301 (1.327)	2.209* (1.204)	－0.657 (1.082)	1.617 (1.207)
60岁以上人数占比	0.317 (0.591)	－0.855 (0.675)	1.056* (0.593)	0.142 (0.643)
受访者特征变量				
性别（1=男性）	－0.105 (0.318)	－0.844** (0.391)	0.357 (0.309)	0.640* (0.334)
年龄	－0.003 (0.013)	0.007 (0.018)	－0.020 (0.013)	－0.009 (0.016)
受教育年限	0.0294 (0.043)	0.0451 (0.057)	0.0475 (0.054)	－0.00135 (0.056)
偏好低风险、低收益技术类型	0.636** (0.287)	0.261 (0.417)	0.0565 (0.285)	0.372 (0.332)
考虑未发生的情况	－0.0427 (0.290)	－0.339 (0.341)	0.107 (0.253)	0.351 (0.289)

续表

	小畦灌溉	土地平整	低压管灌溉	渠道防渗技术
认为所在区域 水资源匮乏	0. 333 (0. 517)	-0. 802 (0. 559)	0. 377 (0. 406)	0. 114 (0. 437)
土地特征变量				
家庭耕地面积	0. 00583 (0. 036)	0. 0615 (0. 050)	0. 0311 (0. 044)	0. 0473 (0. 040)
地块数量	0. 0895 (0. 112)	0. 0696 (0. 123)	-0. 167 (0. 132)	-0. 175 (0. 109)
土地确权	0. 473 * (0. 267)	0. 248 (0. 367)	0. 145 (0. 285)	0. 079 (0. 301)
土地质量 主观意见	0. 406 (0. 273)	0. 357 (0. 342)	0. 0575 (0. 311)	0. 483 (0. 325)
灌溉用水特征				
灌溉用水成本 (元/千瓦时)	1. 137 (1. 486)	1. 287 (2. 302)	-1. 657 (1. 372)	-0. 568 (1. 670)
接受过技术培训	0. 799 ** (0. 376)	-0. 545 (0. 549)	1. 097 ** (0. 445)	-0. 257 (0. 548)
接受过技术推广服务	-0. 109 (0. 332)	0. 112 (0. 405)	0. 406 (0. 310)	0. 307 (0. 373)
常与其他农户 交流技术情况	-0. 0673 (0. 159)	-0. 236 (0. 198)	-0. 0407 (0. 154)	-0. 198 (0. 176)
常数项	1. 024 (1. 299)	0. 440 (1. 953)	-0. 148 (1. 433)	-0. 154 (1. 625)

注：括号内为标准误差；*、**和***分别表示在10%、5%和1%的统计水平上显著。

首先，农户非农就业情况对其节水灌溉技术认知的影响主要体现在小畦灌溉和低压管灌溉技术上。这两种技术恰好代表了传统和现代型的节水灌溉技术，而渠道防渗技术在华北平原的认知水平本就较低，因而不作讨论。

其次，非农就业对二者的影响效应均为正向效应，且通过了显著性检验，与前文结果相一致。再次验证了提高农户非农就业的参与度有利于其对节水灌溉技术采纳的认知。

最后，该影响效应在不同程度的非农就业水平上具有差异性。农户参与本地非农就业的比例越高，则对小畦灌溉技术的认知程度越高，而参与异地非农就业的程度越高，则越了解低压管灌溉技术。这一结果说明，随着劳动力非农就业程度的加深，现代化节水灌溉技术的需求会增大，因为异地非农就业程度高的农户在农业生产中的劳动力流失较多，对小畦灌溉等劳动力密集型技术缺乏认知的动力，而随着非农收入对资金约束的缓解，其对现代化节水技术的需求增加，更有动力了解低压管灌溉等现代型节水灌溉技术。

值得注意的是，对农户的技术培训仍然是影响技术认知程度的显著因素。接受过技术培训的农户对小畦灌溉和低压管灌溉技术的认知水平均有所提高，说明了基层农业技术培训和推广服务在提高农户节水灌溉技术认知方面的有效性，继续加强基层农技推广服务是有必要的。

此外，农户的风险态度显著影响对小畦灌溉技术的认知。偏好低风险、低收益的农户对小畦灌溉技术更为了解，而对低压管灌溉等现代化节水灌溉技术的认知程度并不高。这一结果与现实情况相符合，因为现代型节水灌溉技术的采纳风险性更高。根据农户行为理论，农户不仅以利润最大化为农业生产的唯一目标，尤其是发展中国家农户，在面临诸多不确定性因素时，常将对风险的规避作为家庭的首要目标。因此，风险厌恶的农户更倾向于了解小畦灌溉等传统型节水灌溉技术，这类技术采纳的资金需求低、风险和不确定性更小。

4.2.7 非农就业影响农户节水灌溉技术认知的总结

农户对节水灌溉技术认知程度在技术应用和推广过程中扮演着重要的角色，本章关注了农户对节水灌溉技术的认知水平以及影响其认知程度的因素，着重考察了农户技术信息的获取渠道、非农就业对其技术认知程度的影响效应。基于有序 Logit（Ordered Logit）模型，实证分析了农户参与非农就业对其节水灌溉技术认知程度的影响。

具体而言，非农就业对农户节水灌溉技术认知水平的提高具有显著的正向影响，且在不同类型的技术上存在差异。参与本地非农就业比例较高的农户，对小畦灌溉技术的认知程度较高，而参与异地非农就业程度越高的农户，对低压管灌溉技术越了解。原因在于农户对传统的节水灌溉技术了解程度普遍较高，而对现代化节水灌溉技术的了解需要更多的信息渠道。例如，低压管灌溉技术一般在集体层面扩散，农户个体采纳的难度较大，因而技术信息的传递需要突破一定范围的限制，外出务工的劳动力更容易突破这一限制。

值得注意的是，对农户的技术培训仍然是影响技术认知程度的显著因素。接受过技术培训的农户无论是对节水灌溉技术的总体认识，还是对小畦灌溉和低压管灌溉技术的认知水平较其他农户更高，而农户的风险态度也显著影响其对小畦灌溉技术的认知。偏好低风险、低收益的农户对小畦灌溉技术更为了解，而对低压管等现代化节水灌溉技术的认知程度并不高。

此外，非农就业还显著影响了农户对节水灌溉节水采纳难度的认知。参与非农就业程度越高的农户认为技术采纳的难度越低。但非农就业并不显著影响农户对节水技术采纳效果和预期的评价。

4.3 非农就业对农户节水灌溉技术采纳意愿的影响

4.3.1 研究假设的提出

意愿是指农户对种植业政策的制定、调整所表现出的态度与决策（王娟等，2012）。农户的节水灌溉技术采纳意愿代表了农户对节水灌溉技术的需求和兴趣，反映了其采纳节水灌溉技术的主观能动性，既包括农户对节水灌溉技术采纳展现出的态度，又包括农户对节水灌溉技术的偏好。

已有大量研究聚焦于农户对农业技术采纳的意愿，但目前对于农户节水灌溉技术采纳意愿的关注相对较少，其中大部分又集中于对技术灌溉节水采纳意愿影响因素的研究。影响因素主要包括户主或决策者的个体特征（李名威等，2015）、农户的家庭特征（张兵和周彬，2006；刘持博等，2014）、耕作土地特征（王晓鸿等，2015）、农户的风险态度（朱明芬和李南田，2001；余安等，2011）以及政府的扶持程度（刘晓敏等，2010）等。

在以往对节水灌溉技术采纳意愿影响因素的研究中，大部分学者都注意到了非农就业这一因素发挥的重要作用，但用于衡量非农就业的变量呈现出多样化的特征，大致从劳动力角度和非农收入两个角度来考察。例如，有研究（刘晓敏等，2010；朱丽娟等，2011；王晓鸿等，2015）从非农收入的角度入手，以“种植业收入占家庭总收入比重”“农业收入占比”等指标衡量非农就业的程度，发现非农就业对农户采用节水灌溉技术的意愿有负向影响。而另一些研究则从劳动力兼业化的程度衡量非农就业，例如，朱明芬和李南田（2001）发现劳动力不同的兼业程度负向影响了其对农业技术的需求，但还发现兼业农户更愿意采纳省力、优质的技术。同样地，汪红梅和李金朋（2014）发现“务农人数在家庭总人数中的占比”与农户对节水灌溉技术的支付意愿正相关。张兵和周彬（2006）则结合了劳动力和非农收入两方面更全面地衡量了非农就业，发现非农就业增加了农户采纳农业技术的机会成本，降低了其对技术采纳的支付意愿。

综上所述，无论以何种指标衡量，研究结果均表明了非农就业是影响农户对节水灌溉技术采纳意愿的重要因素。此外，以往研究还发现，农户对于技术采纳的认知对其采纳意愿具有影响效应（刘持博等，2014）。因此，非农就业除了对农户技术采纳意愿有直接的影响效应外，还可能通过影响农户的认知水平对其采纳意愿发挥间接的影响。

基于此，本节提出以下有待检验的假设：

假设1：家庭劳动力非农就业程度对农户节水灌溉技术采纳意愿具有负向影响。

假设2：非农就业通过影响农户对节水灌溉技术的认知水平，间接影响农户对节水灌溉技术采纳的意愿。

4.3.2 模型设定与变量设置

由于农户对节水灌溉技术采纳的意愿属于二分类变量，即愿意采纳和不愿意采纳两种选择，故采用Probit模型对其进行分析。将二元选择模型的矩阵定义为：

$$Y^* = X\beta + \mu \tag{4.5}$$

其中，Y^*为农户对节水灌溉技术的采纳意愿（愿意采纳赋值为1，否则为0）；X为农户节水灌溉技术采纳意愿的影响因素；β为待估系数；μ是相互独立且服从正态分布的残差项。引入与X有关的潜在变量，有$y^* = X\beta + \mu^*$。其中，Y与y^*的对应关系表达式为：

$$\begin{cases} Y = 0，若 y^* \leqslant 0 \\ Y = 1，若 y^* > 0 \end{cases} \tag{4.6}$$

进而Y的概率模型为：

$$\begin{cases} p(Y=1) = P(y^* > 0) = p(u^* > -X\beta) = 1 - F(-X\beta) \\ p(Y=0) = P(y^* \leqslant 0) = p(u^* \leqslant -X\beta) = F(-X\beta) \end{cases} \tag{4.7}$$

具体而言，本章对Probit模型的形式定义为：

$$Y_{kiv} = \beta_{k0} + \beta_{k1}M_{iv} + \beta_{k3}H_{iv} + \beta_{k2}L_{iv} + \beta_{k2}W_{iv} + \mu_{kiv} \tag{4.8}$$

其中，Y_{kiv}表示第v个村庄中第i户农户粮食生产中的第k个被解释变量，主要包括农户对节水灌溉技术采纳的意愿和对节水灌溉技术合作供给方式的接受意愿两方面。M_{iv}、H_{iv}、L_{iv}和W_{iv}分别表示影响农户节水灌溉技术采纳意愿的各类因素。大部分变量与前文研究类似，但值得注意的是，在模型中加入了农户对节水灌溉技术认知这一因素，来考察农户的技术采纳意愿是否受到认知因素的影响。若本节的假设2成立，即农户对节水灌溉技术的认知显著影响了其技术采纳的意愿，那么结合上一章内容可表明，非农就业通过影响农户的认知水平间接影响了农户节水灌溉技术的采纳意愿。μ_{kiv}为随机误差项，服从Logistic分布。

4.3.3　非农就业影响农户节水灌溉技术采纳意愿的实证分析

表4-6中农户对节水灌溉技术采纳的总体意愿较高，样本区域90%以上的农户都愿意采纳节水灌溉技术。因而在采纳意愿上，样本农户的差异性不明显。此外，存在劳动力非农就业的家庭中，愿意采纳节水灌溉技术的农户占比稍高，但差异不明显。因此初步判断该样本区域内农户非农就业与节水灌溉技术采纳之间的关系并不显著，具体情况有待进一步实证检验。

表4-6　农户节水灌溉技术采纳意愿的描述性分析

	总体意愿（%）	存在劳动力非农就业家庭（%）	未存在非农就业家庭（%）
愿意采纳农户占比	94.81	95.42	91.84
不愿意采纳农户占比	5.19	4.58	8.16

农户采纳节水灌溉技术的意愿较高也说明了农户对于节水灌溉技术具有需求，但是否采纳还受到诸多现实条件的制约，将农户对节水技术的需求转化为

采纳的行为需要社会各界的共同努力。

表4－7显示了对Probit模型的估计结果。可以看出，正如描述性分析呈现的，样本区域农户非农就业对其节水灌溉技术采纳意愿不存在显著的直接影响。然而，农户节水灌溉技术的认知程度对农户采纳意愿的影响系数为正，且在1%的水平上通过了检验。说明加强农户对节水灌溉技术的认知水平有助于提高农户的技术采纳意愿。结合第6章中研究结果发现，非农就业有助于提升农户对节水灌溉技术的认知水平，这一影响效应间接作用于农户的节水灌溉技术采纳意愿。但这一结论仅适用于本地非农就业情况，因为研究并没有发现异地非农就业与农户节水灌溉技术认知水平之间存在显著的关系。这也就解释了间接影响效应发挥作用的机制在于，相对于异地非农就业来说，本地非农就业农户对农业的脱离程度较小，“收入效应”有助于缓解农户在技术采纳中的资金限制，增强农户对风险的抵抗力，而对非农就业产生的负面效应有所抵消。

表4－7　非农就业对农户节水灌溉技术采纳意愿的影响

	参数估计	标准误
节水灌溉技术认知	1.974***	0.687
农户家庭特征变量		
家庭劳动力中异地非农就业的比例	1.268	1.282
家庭劳动力中本地非农就业的比例	－1.186	0.785
家庭总人数	－0.021	0.125
16岁以下人数占比	－0.846	11.843
60岁以上人数占比	－2.711**	1.150
受访者特征变量		
性别（1＝男性）	－0.851	0.573
从事农业活动的时间	0.059***	0.019
受教育年限	0.047	0.095

续表

	参数估计	标准误
偏好低风险、低收益技术类型	-2.094 ***	0.657
考虑未发生的情况	0.783	0.497
认为所在区域水资源匮乏	-2.049 ***	0.753
土地特征变量		
家庭耕地面积	0.105 *	0.061
地块数量	-0.422 ***	0.162
土地确权	0.411	0.511
土地质量主观意见	-2.530 ***	0.652
灌溉用水成本（元/千瓦时）	2.611	2.748
接受过技术培训	-1.200	0.689
接受过技术推广服务	0.368	0.446
常与其他农户交流技术情况	1.545 ***	0.695
常数项	7.585 ***	2.462

注：*、** 与 *** 分别表示在10%、5%和1%的统计水平上显著。

与以往研究（刘晓敏等，2010；朱丽娟等，2011；王晓鸿等，2015；汪红梅和李金朋，2014；张兵和周彬，2006）不同的是，本书对于不同类型非农就业的区分能够明确劳动力转移程度对农户采纳节水灌溉技术意愿影响的差异性。以往研究表明农业收入或农业劳动力占比较高的家庭，对节水灌溉技术采纳的意愿更高，即非农就业不利于提高农户采纳节水灌溉技术的积极性。而本书结果从另一角度证明了这一观点，但又有区别。相对于异地转移来说，本地非农就业农户的“离农程度”较低，而本地非农就业有助于提高农户对节水灌溉技术的认知水平，从而提高其采纳的积极性，但是随着非农就业的程度加深，这一影响效应逐渐变弱最终消失。

影响农户对节水灌溉技术采纳的另一重要因素是农户的风险态度。持风险厌恶态度的农户对节水灌溉技术的采纳意愿较低，风险厌恶的程度越高，农户的采纳意愿越低。对于风险态度的影响效应，以往研究结果并不统一（朱明芬和李南田，2001；余安等，2011）。一方面，风险厌恶的农户会更多地考虑新技术采纳的风险，从而影响其采纳意愿；另一方面，风险厌恶的农户可能会为预期之外的可能发生的风险事件（例如旱灾）等做准备，因而更有可能采纳新技术。这一问题还需要更多经验性的证明和完善的理论研究。

与其他农户的交流沟通显著提高了农户节水灌溉技术采纳的意愿。这一结果与前文结果相一致，与其他农户交流技术信息有利于发挥技术示范作用，且为农户提供更充足的技术信息，从而增加其对技术采纳的意愿。以往研究对这一方面的关注较少。

在土地特征方面，农业经营规模越大、土地细碎化程度越低、土地质量越差的农户更倾向于采纳节水灌溉技术。这一结果与以往研究结果相符，例如，朱丽娟等（2011）研究发现耕地面积或种植面积对节水灌溉技术采纳意愿有显著的正向影响，王晓鸿等（2015）研究发现土地细碎化程度与之呈负相关关系。此外，受访者从事农业经营的时间对其技术采纳意愿有显著的正面影响。说明经验更丰富、务农时间更长的农户更愿意采纳新技术。

4.3.4 非农就业影响农户节水灌溉技术采纳意愿的总结

本章利用 Probit 模型检验了农户非农就业对其节水灌溉技术采纳意愿的影响。结果表明，二者之间不存在显著的直接影响效应。然而值得注意的是，农户节水灌溉技术的认知程度对农户采纳意愿的影响系数为正，且在 1% 的水平上通过了检验，说明加强农户对节水灌溉技术的认知水平有助于提高农户的技术采纳意愿。结合前文研究结果，相对于异地转移来说，本地非农就业农户的“离农程度”较低，而本地非农就业有助于提高农户对节水灌溉技术的认知水平，这一影响效应间接作用于农户的节水灌溉技术采纳意愿，从而提高其采纳的积极性。但是随着非农就业程度的加深，这一影响效应逐渐变弱最终消失。

此外，农户对于技术采纳的风险态度、与其他农户交流技术信息的行为以

及土地特征等变量都显著影响了农户节水灌溉技术采纳的意愿。研究结果表明，风险厌恶程度越高的农户采纳意愿越低；与其他农户交流技术信息有利于发挥技术示范作用，且为农户提供更充足的技术信息，从而增加其对技术采纳的意愿；农业经营规模越大、土地细碎化程度越低、土地质量越差的农户采纳节水灌溉技术的意愿越高。

然而，农户对节水灌溉技术的采纳意愿与其采纳行为之间的关系并非一一对应。虽然农户对技术采纳的意愿代表了其技术采纳行为的积极性和对技术的需求，但并不意味着采纳意愿高的农户一定会采纳该项技术，因为还受其他资源禀赋条件的约束；而一些集体推广的技术项目，例如低压管灌溉或喷灌技术在推广的过程中更多依赖集体决策，农户个体的采纳意愿对决策的决定性作用并不明显。因此，有必要进一步关注农户的技术采纳行为。

4.4 非农就业对农户节水灌溉技术采纳行为及方式的影响

4.4.1 研究假设的提出

在对农户节水灌溉技术采纳的因素研究中，众多学者都关注了农户家庭劳动力资源禀赋情况，认为劳动力资源禀赋的变化是影响农户采纳节水灌溉技术的重要因素（史清华，2005；刘红梅等，2008；张新焕，2006；Panadey 等，2013；Zhou 等，2008）。家庭劳动力结构、决策者年龄、劳动力受教育水平以及家庭经济状况中的收入状况、财产状况和信贷约束都对农户节水灌溉技术采纳产生了影响。而非农就业规模的壮大对家庭劳动力结构特征和经济状况都产生了重要的影响。因此，非农就业带来的“劳动力损失效应”和“收入效应”将会对农户节水灌溉技术采纳行为产生影响。

已有关于劳动力的非农就业或非农就业收入对农户节水灌溉技术采纳影响的研究并没有一致的结论。Zhou 等（2008）利用比较分析方法，讨论了两类农户，即采纳了和未采纳节水技术的农户之间的差异。通过对经济模型的估计，实证研究了节水灌溉技术采纳的影响因素，发现经营者从事非农工作阻碍了农户在水稻生产中采纳节水灌溉技术。

相反地，张新焕等（2013）研究发现，非农收入比重越高的农户越有可能采纳节水灌溉技术。Panadey（2006）证明了农户的资金和信贷约束对节水灌溉技术采纳有阻碍作用，非农就业所带来的收入效应有利于缓解农户所面临的资金和信贷约束（Rozelle，1999），从而促进农户对节水灌溉技术的采纳。也有研究结果表明，农户兼业程度对节水灌溉技术采纳不存在显著的影响（刘红梅等，2008）。

总体来说，现有研究并未对传统节水技术和现代节水技术做出区分。根据诱致性技术变迁理论，农户对农业技术类型的偏好与其家庭资源禀赋有关。资本充裕的农户偏好资本密集型技术（刘红梅等，2008），而与之相对应的是劳动力资源比较充足的农户更偏向劳动密集型技术。

在以往研究的基础上，本节提出了如下有待检验的研究假设：

假设 1：非农就业对农户节水灌溉技术采纳行为存在正面影响效应。因为本书在前文中发现非农就业有助于提高农户对节水灌溉技术的认知程度，拓宽其信息来源渠道，故假设非农就业对农户节水灌溉技术采纳存在积极的影响效应。

假设 2：本地非农就业对农户采纳传统型技术具有正面影响效应。基于诱致性技术变迁理论，本地非农就业相对于异地非农就业来说家庭劳动力损失较小，更易于采纳劳动力偏向型的节水灌溉技术。

假设3：本地非农就业程度较高的农户在节水灌溉技术采纳中更倾向于投入劳动力，而非资本。

4.4.2　模型设定与变量设置

本节检验了不同程度的非农就业分别对传统型节水灌溉技术采纳和现代型节水灌溉技术采纳的影响效应，并进一步考察了分就业对农户采纳节水灌溉技术中的资本投入和劳动力投入的影响。

为了对以上研究假设进行检验，本节使用Probit模型研究非农就业对农户节水灌溉技术采纳的影响，对以下方程进行估计：

$$Y_{kiv} = \gamma_{k0} + M_{iv}\gamma_{k1} + \beta_{k2}p_{iv} + L_{iv}\gamma_{k2} + H_{iv}\gamma_{k3} + W_{iv}\gamma_{k4} + \varepsilon_{kiv} \tag{4.9}$$

式（4.9）中包括三类因变量，一是农户是否采纳了节水灌溉技术的虚拟变量；二是农户是否在技术采纳中进行了资本投入的虚拟变量和农户是否在技术采纳中进行了劳动力投入的虚拟变量；三是农户是否采纳了小畦灌溉技术的虚拟变量、是否进行了土地平整的虚拟变量和是否采纳了低压管灌溉技术的虚拟变量。小畦灌溉和土地平整是传统节水灌溉技术类型的代表性技术，而低压管灌溉（或是在将灌溉用水从水井输送向田间的过程中是否使用了管道）代表了现代型节水灌溉技术。相对于大水漫灌，小畦灌溉能够减少灌溉用水的蒸发和渗漏，克服漫灌的受水面积不均问题。小畦灌溉仅需要投入劳动力资源，不属于资本集中型技术，农户采纳该技术的成本不高，因而易为农户采纳。低压管灌溉能够显著减少渠道运输中的水分蒸发渗漏。采纳低压管灌溉技术的成本在于在耕地和水井之间安装低压管输水，且该成本比较高，通常农户通过自己组成团体或者村集体采纳低压管灌溉技术。应指出的是，节水灌溉这一术语在此用作较为宽泛的语义，指的是降低灌溉用水而不是节水工程技术意义上的水分蒸发减少或作物生长吸收水分的减少（Blanke 等，2007）。

式（4.9）右侧的变量设定与式（4.4）和式（4.8）相似，因为同样的因素可能同时影响了农户对节水灌溉技术的认知和采纳行为。例如，土地细碎化程度高的农户不倾向于自己打井，因为不能享受规模经济效应，对节水技术的认知、采纳积极性不高。土地质量好的农户更倾向于投资（Pender 和 Kerr，1998）。

为了进一步探究非农就业对节水灌溉技术采纳的影响机理，本节将农户的节水技术认知纳入模型考虑的范围之内。但这样就会产生一定的内生性问题，故采用工具变量法进行控制，使用 IV - Probit 模型处理内生性问题。根据 Mckenzie 和 Rapoport（2011）的研究，将家庭劳动力转移的历史作为工具变量是可取的。此外，Zaiceva 和 Zimmermann（2008）研究发现，社会关系网络是影响劳动力转移的重要因素。因此，在本节微观研究中，选取了 10 年前外出务工的亲戚数量和本地非农就业的亲戚数量作为工具变量，并通过 Durbin - Wu - Hausman 检验其有效性。结果表明，这两个变量可作为有效的工具变量。

4.4.3 非农就业对农户节水灌溉技术采纳行为的影响

从整体情况来看，样本区域农户对传统型节水灌溉技术采纳的程度较高（见表 4 - 8），而对低压管灌溉技术的采纳率较低。半数以上的农户采纳了小畦灌溉这类传统型技术。相比而言，低压管灌溉技术在样本区域的采纳率仅为 21.11%。这一现象符合我国节水灌溉发展的现状，现代化节水灌溉技术的推广和采用还不成熟，且在集体层面推广的技术难度较大，需要初始资金的投入。从不同类型的农户角度看，存在非农就业的农户中采纳节水灌溉技术的占比（78.24%）大于不存在非农就业的农户中已采纳的占比（65.31%）。无论对于小畦灌溉还是对于低压管灌溉技术来说均是如此。

表4-8　农户对不同类型的节水灌溉技术的采纳行为分析

		所有样本农户（%）	存在非农就业的农户占比（%）	不存在非农就业的农户占比（%）
技术采纳行为	1	76.04	78.24	65.31
	0	23.96	21.76	34.69
小畦灌溉	1	50.17	51.25	44.90
	0	49.83	48.75	55.10
土地平整	1	45.67	45.00	48.98
	0	54.33	55.00	51.02
低压管灌溉	1	21.11	21.25	20.41
	0	78.89	78.75	79.59

注：1代表农户技术采纳行为发生，0代表未采纳。

随着城镇化和现代化的推进，劳动力向非农部门转移有助于促进农户对节水灌溉技术的采纳，且影响了农户采纳节水灌溉技术的方式。对模型的估计结果表明（见表4-9），非农就业对农户采纳节水灌溉技术的行为产生了显著的影响，系数为正且在10%的统计水平上显著。同样地，张新焕等（2013）研究发现，非农收入比重越高的农户越有可能采纳节水灌溉技术。Panadey（2006）证明了农户的资金和信贷约束对节水灌溉技术采纳有阻碍作用，非农就业所带来的收入效应有利于缓解农户所面临的资金和信贷约束（Rozelle，1999），从而促进农户对灌溉节水技术的采纳。

表4-9　非农就业对农户节水灌溉技术采纳行为及方式的影响

	节水灌溉技术采纳行为	节水灌溉技术采纳方式	
		资本投入	劳动力投入
农户家庭特征变量			
家庭劳动力中异地非农就业的比例	0.942*	0.254	-1.597**
	(0.526)	(0.644)	(0.806)

续表

	节水灌溉技术采纳行为	节水灌溉技术采纳方式	
		资本投入	劳动力投入
家庭劳动力中本地非农就业的比例	0.735*	-1.306**	0.611
	(0.446)	(0.510)	(0.548)
家庭总人数	0.134**	0.0174	-0.0701
	(0.066)	(0.097)	(0.081)
16岁以下人数占比	-1.942**	-1.643	0.809
	(0.857)	(1.346)	(1.122)
60岁以上人数占比	0.253	0.068	0.049
	(0.430)	(0.663)	(0.685)
受访者特征变量			
性别（1=男性）	0.343	0.151	0.381
	(0.261)	(0.357)	(0.366)
年龄	-0.139	-0.061***	-0.051***
	(0.229)	(0.016)	(0.014)
受教育年限	0.0540	0.00823	-0.0247
	(0.041)	(0.062)	(0.052)
偏好低收益、低风险技术	-0.533*	0.0208	0.541
	(0.273)	(0.321)	(0.353)
对未来意外做准备	0.539**	-0.936**	-0.678*
	(0.223)	(0.436)	(0.368)
节水灌溉技术认知	0.484***	-0.755	0.658
	(0.133)	(0.732)	(0.737)
认为所在区域水资源匮乏	-0.196	0.576	0.250
	(0.384)	(0.445)	(0.413)
土地特征变量			
家庭耕地面积	0.0563*	0.0117	0.0688
	(0.030)	(0.044)	(0.047)
地块数量	-0.118	0.335**	-0.194
	(0.084)	(0.142)	(0.154)
土地质量主观意见	0.628**	-0.406	-0.945**
	(0.245)	(0.310)	(0.382)

续表

	节水灌溉技术采纳行为	节水灌溉技术采纳方式	
		资本投入	劳动力投入
灌溉用水特征变量			
灌溉用水成本（元/千瓦时）	2.404* (1.270)	1.363 (1.987)	-0.167 (2.189)
接受过技术培训	0.672 (0.614)	0.391 (0.499)	0.226 (0.461)
接受过技术推广服务	0.301 (0.344)	-1.201*** (0.392)	0.175 (0.389)
常数项	-2.307* (1.265)	1.482 (1.947)	3.183* (1.927)

注：括号内为标准误差；*、** 和 *** 分别表示在10%、5%和1%的统计水平上显著。

进一步考察非农就业对不同农户节水灌溉技术采纳方式的影响发现，在已经采纳了节水灌溉技术的农户中，家庭劳动力的异地转移程度对劳动力投入型的节水灌溉技术采纳有显著的负向影响，而本地非农就业的程度对资本投入型的节水灌溉技术采纳有显著的负向影响。这一结果恰好反映了劳动力转移带来的两个方面的影响效应。“劳动力流失效应”和“收入效应”在异地非农就业程度较大的家庭中表现更为强烈。因为在本地从事非农工作的家庭劳动力，更有机会兼顾农业生产和非农工作两方面，例如在农忙的时间回家帮忙。因而对家庭来说，劳动力虽存在一定的流失，但对农业生产的影响并不如异地转移的劳动力大。故劳动力的异地迁移不利于其采纳劳动力偏向型的节水灌溉技术，比如小畦灌溉和土地平整等传统型节水灌溉技术。而在本地非农就业程度较大的家庭中，非农就业并没有显著影响劳动力投入型的节水灌溉技术采纳，这从侧面印证了上述结论。

此外，结果还表明在现代化节水灌溉技术的推广中，资本仍然是主要的约束条件。可以看出，资本投入型节水灌溉技术采纳的资金约束在异地非农就业比例较高的家庭中有所缓解，但仍对本地非农就业农户采纳资本投入型的节水灌溉技术有显著的阻碍作用。换言之，本地非农就业发展所带来的“收入效应”不明显，对农户采纳节水灌溉技术的资本约束起到的缓解作用不大。这与劳动力转移的选择性有关，高素质、社会资本丰富的劳动力更多向异地转移，因而更有机会获取比本地非农工作工资水平更高的工作机会。

Koundouri 和 Nauges（2006）发现，人力资本对农户采纳现代化灌溉技术和设备具有显著的影响。这一观点在本书中得到了印证。家庭人口总数对节水灌溉技术采纳的影响系数为正且在 5% 的显著水平上通过了检验。劳动力的数量，即劳动力资源禀赋对农户采纳节水灌溉技术存在显著的正向影响。Adeoti（2009）在对几内亚的农户节水技术采纳情况的调查数据基础上也发现了同样的结果，劳动力数量和农业技术推广的次数是影响农户采纳节水灌溉技术的重要因素。然而，家庭人口中 16 岁以下未成年人所占比例的增加不利于促进农户采纳节水灌溉技术，因为未成年人的占比更大意味着成年劳动力要将更多的精力投入到对未成年人的照料和教育中。此外，受访者年龄这一变量与农户技术采纳行为存在显著的负相关关系。在技术采纳过程中无论资本还是劳动力方面的投入，年龄较大的农户投入都更少。

衡量农户风险态度的变量包括农户在低风险、低收益的技术和高风险、高收益技术之间的权衡选择，以及是否对未发生的意外事件做准备。关于农户风险态度对其技术采纳的影响，研究结果并不一致，从表 4 - 5 中的结果也可以看出，一方面，对技术持风险厌恶态度的农户采纳节水灌溉技术的可能性较小，因为采纳节水灌溉技术，尤其是现代型的技术存在一定的风险。另一方面，常为未来发生的意外情况做准备的农户更倾向于采纳节水技术，说明风险厌恶者有可能倾向于采纳节水技术。这一结果与以往研究结果相符合，Koundouri 和 Nauges（2006）研究发现，农户技术采纳的目的主要是规避风险；韩洪云（2000）研究也发现，农户是风险最小化灌溉者，而不是利润最大化灌

溉者。

此外，另有两个影响农户节水灌溉技术采纳的重要变量是用水价格和农户家庭耕地面积。二者对农户采纳节水灌溉技术的行为均存在显著的正向影响。家庭耕地面积较大的农户更倾向于采纳节水灌溉技术，而灌溉用水的价格上涨会增加农户的用水成本，推动其采纳节水灌溉技术。这一结果和 Caewell (1991) 的发现相同，其研究表明水价较高的区域，农户较容易采用节水技术。但也有研究（Green，1996）发现水价并非影响农户技术采纳的最主要因素。土地经营规模越大，农户越倾向于采用节水灌溉等先进的农业技术（林毅夫，2005）。农户的耕地规模越大，就能越多地享受节水灌溉技术的规模效应所带来的好处（Saha 等，1994），从而采用节水灌溉技术的需求越强（Khanna，2001）。

4.4.4　非农就业影响农户采纳不同类型节水灌溉技术的实证分析

非农就业对农户采纳节水灌溉技术的行为及方式均产生了一定程度的影响，那么进一步考察这种影响效应在不同类型的节水灌溉技术上是否存在差异对农业生产的现实指导意义更强。

表 4－10 主要列举了代表传统节水灌溉技术的小畦灌溉技术、土地平整技术，以及代表现代节水灌溉技术的低压管灌溉技术。对小畦灌溉节水技术来说，家庭劳动力在本地从事非农工作的比例越高，采纳该项传统节水灌溉技术的可能性越大（见表 4－10 第 1 列）。对土地平整技术来说，异地非农就业阻碍了农户对土地进行平整改造（见表 4－10 第 2 列）。这两项技术均属于劳动力密集型技术，是传统节水灌溉技术的代表。随着非农就业程度的加深，“劳动力流失效应”加强，非农就业对传统节水灌溉技术采纳的阻碍作用也会逐渐显现。

表 4-10　农户非农就业对不同类型节水灌溉技术采纳行为的影响

	（1）小畦灌溉	（2）土地平整	（3）低压管灌溉
农户家庭特征变量			
家庭劳动力中异地非农就业的比例	2.416 (5.279)	-0.630* (0.373)	2.142*** (0.627)
家庭劳动力中本地非农就业的比例	8.515* (4.883)	-0.279 (0.306)	-0.921* (0.493)
家庭总人数	-0.073 (0.173)	0.079 (0.0551)	-0.109 (0.105)
16 岁以下人数占比	-0.822 (2.089)	-0.112 (0.721)	0.374 (1.177)
60 岁以上人数占比	1.383 (0.965)	0.0562 (0.379)	1.879*** (0.620)
受访者特征变量			
性别（1=男性）	-0.0370 (0.454)	-0.335* (0.199)	0.744** (0.333)
年龄	0.010 (0.024)	0.0007 (0.009)	-0.052** (0.022)
受教育年限	-0.034 (0.084)	0.020 (0.031)	-0.032 (0.046)
偏好低收益、低风险技术	-0.635 (0.594)	-0.0327 (0.209)	-0.366 (0.322)
对未来意外做准备	0.0188 (0.375)	-0.302 (0.206)	-0.111 (0.348)
节水灌溉技术认知	-1.144 (0.771)	0.469*** (0.112)	2.046*** (0.256)
认为所在区域水资源匮乏	-0.850 (0.892)	-0.154 (0.292)	-0.0181 (0.610)
接受过技术培训	-0.624 (0.843)	0.153 (0.386)	1.991*** (0.653)
接受过技术推广服务	0.340 (0.553)	0.183 (0.264)	-0.595 (0.446)

续表

	(1) 小畦灌溉	(2) 土地平整	(3) 低压管灌溉
常与其他农户交流技术	0.081 (0.448)	0.163 (0.177)	0.109 (0.272)
土地特征变量			
家庭耕地面积	0.123 ** (0.058)	-0.00341 (0.028)	-0.150 *** (0.047)
地块数量	-0.205 (0.159)	0.038 (0.073)	0.085 (0.117)
土地质量主观意见	-0.0551 (0.465)	-0.492 ** (0.192)	0.213 (0.303)
灌溉用水成本(元/千瓦时)	0.163 (2.617)	-0.807 (1.103)	-2.763 (2.238)
常数项	-1.725 (2.585)	-0.196 (1.048)	2.645 (1.792)

注:括号内为标准误差;*、** 和 *** 分别表示在10%、5%和1%的统计水平上显著。

相反地,低压管灌溉技术的采纳更多受到资金的约束,随着劳动力转移程度的加深,“收入效应”逐渐增强,缓解了农户在采纳现代技术上的资金约束,提高了农户对风险的抵抗力,增加了农户采纳该项技术的可能性。部分学者也认为收入较高的农户更愿意接受风险和更复杂的技术(黄季焜等,1993;Ervin 和 Evrin,1982)。此外,异地非农就业能够为农户带来更丰富的社会资源,拓宽其信息搜集的渠道。Negatu 等(1999)认为,农户只有充分掌握能够增加利润的技术信息,才能够采纳该项农业技术。农业技术信息传播渠道的多少、信息传播速度的快慢、人们对信息内容了解的充分程度,对于农户采纳农业技术十分重要,因为没有充分的信息,农户会认为该项技术不能获利且具有风险。所以异地非农就业对农户采纳低压管灌溉技术具有显著的正向作用。

总之,对传统型节水灌溉技术而言,保障充足的劳动力是促进技术采纳的必要条件;而对现代型节水灌溉技术而言,提高农户收入、拓宽其收入来源和信息渠道有助于促进技术扩散。换言之，在技术推广的过程中，对本地非农就业程度较高的农户着重推广劳动力投入型的节水灌溉技术会更有效；对异地非农就业比例较高的农户，尝试推广资本偏向型的节水灌溉技术更佳。

由于传统型的节水灌溉技术更易为农户个体采纳，农户对其认知程度也更深。这里主要考察影响农户采纳现代节水灌溉技术的因素。除了非农就业外，其他影响因素有受访者个体特征、其对节水灌溉技术的认知水平、接受技术培训的经历以及家庭耕地面积等。

一般来说，青年劳动力对新技术的学习能力更强，对现代化农业技术采纳的可能性更大。研究结果表明，男性劳动力和青年劳动力更易采用低压管灌溉技术。

此外，提高农户对节水灌溉技术的认知程度有利于促进其对技术的采纳行为。这一结果已经在众多研究中得到证明（许朗等，2015；余安，2011；唐梦琴，2014）。

加强对农民的技术培训有助于促进其采纳现代化节水灌溉技术。研究结果表明，参与过技术培训的农户更有可能采纳低压管灌溉技术。上一节研究结果也表明了技术培训和推广服务对提高农户采纳节水灌溉技术意愿的显著作用。

家庭耕地面积大的农户，虽然采纳节水灌溉技术的意愿强烈，但实施行动的可能相对较低。其原因可能是经营规模较大的农户采纳低压管灌溉技术的成本比小农户高，初始投入更大，因而受到的资金约束力更强。这一结果与以往研究不同，但主要由于以往研究并没有对节水灌溉技术的类型加以区分。

对家庭耕地质量评价较高的农户对传统节水灌溉技术的采用反而较少。这一结果符合预期，Caswell 等（1991）在其研究中发现耕地质量越差的农户越容易采纳节水灌溉技术。

前文研究发现家庭劳动力在本地从事非农工作的比例越高，采纳小畦灌溉技术的可能性越大。进一步考察农户进行小畦灌溉时的作畦数量，利用多重比较分析法（Multiple Comparison）中的最小显著性差异法（LSD，Least Significant Difference），对不同农户组别之间作畦数量的差异进行显著性检验，结果如表4-11所示。

表4-11 不同类型农户作畦数量的多重比较分析结果

组别		均值差异	标准差	P值	95%置信区间	
					下限	上限
1	2	-6.363	2.324	0.007	-10.944	-1.783
	3	1.454	2.647	0.583	-3.762	6.669
	4	3.375	4.587	0.463	-5.665	12.415
2	1	6.363	2.324	0.007	1.783	10.944
	3	7.817	3.143	0.014	1.622	14.012
	4	9.738	4.890	0.048	0.100	19.376
3	1	-1.454	2.647	0.583	-6.669	3.762
	2	-7.817	3.143	0.014	-14.012	-1.622
	4	1.921	5.052	0.704	-8.035	11.877
4	1	-3.375	4.587	0.463	-12.415	5.665
	2	-9.738	4.890	0.048	-19.376	-0.100
	3	-1.921	5.052	0.704	-11.877	8.035
ANOVA结果：df=3，F=3.247，P=0.023，组间差异显著						

注：1=采纳节水灌溉技术的兼业农户；2=未采纳节水灌溉技术的兼业农户；3=采纳节水灌溉技术的纯农业农户；4=未采纳节水灌溉技术的纯农业农户。

首先，将农户分为采纳节水灌溉技术的兼业农户（第1组）、未采纳节水灌溉技术的兼业农户（第2组）、采纳节水灌溉技术的纯农业农户（第3组）和未采纳节水灌溉技术的纯农业农户（第4组）四组，分别检验了每组农户在平均作畦数量上的组间差异，ANOVA结果显示组间差异显著，P值为0.023。

其次，第2组与第3组农户、第2组与第4组农户在作畦数量上均存在显著的组间均值差异（P值分别为0.014、0.048），说明兼业与否对作畦数量具有显著的影响，因为即便第2组农户未采纳节水灌溉技术，其平均作畦数量也大于采纳和未采纳节水灌溉技术的纯农业农户的平均作畦数量。

为了继续探索非农就业对农户平均作畦数量的影响，利用似不相关回归法（Seemingly Unrelated Regressions）和工具变量法，对模型进行估计。结果如表4-12所示。有趣的是，本地非农就业的劳动力占比对农户亩均作畦数量的影响系数为正，且在1%的统计水平上显著。外出务工的劳动力占比系数同样为正，但并没有通过显著性检验。

表4-12　农户家庭劳动力非农就业对其作畦数量的影响

	亩均作畦数量	
	SUR	IV
外出务工劳动力占家庭劳动力的比例	0.766 (1.632)	22.180*** (8.471)
本地非农就业劳动力占家庭劳动力的比例	3.463*** (1.271)	17.870*** (6.201)
农户家庭特征		
家庭劳动力总数	0.266 (0.227)	-0.387 (0.368)
16岁及以下未成年人占比	-6.938** (3.091)	(2.997) (4.430)
60岁及以上老人占比	4.111*** (1.562)	7.402*** (2.327)
受访者性别（1=男）	0.035 (0.859)	0.468 (1.125)
受访者年龄	-0.061 (0.039)	-0.052 (0.053)
受教育程度	0.043 (0.133)	-0.055 (0.179)
低风险、低收益技术偏好	-0.561 (0.894)	-2.460* (1.338)

续表

	亩均作畦数量	
	SUR	IV
考虑未来发生情况	1.150 (0.721)	1.100 (0.934)
农户家庭耕地特征		
耕地总面积（Log）	-0.086 (0.102)	0.017 (0.122)
地块数量	0.358 (0.292)	0.307 (0.370)
土地质量	1.659 ** (0.756)	1.755 * (1.028)
抽水用电价格（Log）	-6.777 (4.765)	-5.087 (6.037)
常数项	5.848 (5.592)	-3.417 (7.675)

注：①括号内为标准误差；*、** 和 *** 分别表示在 10%、5% 和 1% 的统计水平上显著。②SUR（Seemingly Unrelated Regressions）表示似不相关回归。③同村其他受访者 10 年前转移的亲戚数量和本地非农就业的亲戚数量分别作为“外出务工劳动力占家庭劳动力的比例”和“本地非农就业劳动力占家庭劳动力的比例”的工具变量。④各变量均控制了村级虚拟变量中的估计结果。

这一结果与前文研究结果相一致，家庭劳动力在本地从事非农工作更有助于农户采纳小畦灌溉技术（见表 4 - 10 第 1 列）。因此，将二者结合起来看，本书结果表明本地非农就业比例的提高有助于农户采纳小畦灌溉节水技术，且该比例越高，农户的亩均作畦数量越多。本书尝试从以下方面解释这一结果。由于农户在采用小畦灌溉技术时仅需要花费劳动力，不需要资本投入，所以小畦灌溉节水技术是劳动力偏向型技术。然而，虽然在小畦灌溉中需要花费时间和劳动力，重新作畦或将长畦改为短畦。但采纳小畦灌溉的劳动力投入是一次性任务，一旦完成，在后续灌溉过程中只需较少的劳动力（在畦中放水）即可。因此，在本地从事非农就业的劳动力完全有能力在非农工作之余进行小畦灌溉，或者在作畦完毕之后再从事其他非农工作。由于小畦灌溉能够减少灌溉用水在田间的渗漏损失，要达到同样的灌溉水平，采用小畦灌溉的农户需要抽取的灌溉用水更少。因此，尽管有初始劳动力需求，但采纳小畦灌溉技术既能够节约后续灌溉的劳动力，又能够减少灌溉成本，对农户灌溉来说是一举两得的举措。这一系列结果恰好生动地反映了农户如何调整灌溉用水和非农就业所导致的劳动力流失之间的关系。

4.5 本章小结

本章主要考察了非农就业对节水灌溉技术采纳行为和方式的影响，并进一步考察了该影响效应在不同节水灌溉技术类型上存在的差异性。整体来看，样本区域农户对传统型节水灌溉技术采纳程度较高，而对低压管灌溉技术的采纳程度较低。

随着城镇化和现代化的推进，劳动力向非农部门转移并没有阻碍农户对节水灌溉技术的采纳，还影响了农户采纳节水灌溉技术的方式。非农就业对农户采纳节水灌溉技术的行为产生了显著的正向影响，系数为正且在10%的统计水平上显著。说明非农就业所带来的收入效应有利于缓解农户所面临的资金和信贷约束（Rozelle，1999），从而促进农户对灌溉节水技术的采纳。

进一步考察非农就业对不同农户节水灌溉技术采纳方式的影响发现，对家庭劳动力异地转移程度较高的农户来说，“劳动力流失效应”抑制了其采纳劳动力投入型的节水灌溉技术。相反，对本地非农就业程度较高的农户来说，“收入效应”发挥的作用并不明显，其对促进资本投入型节水灌溉技术采纳的程度较低。

非农就业对农户采纳不同类型节水灌溉技术的影响存在差异性。对小畦灌溉来说，家庭劳动力在本地从事非农工作的比例越高，采纳该项传统节水灌溉技术的可能性越大。对土地平整技术来说，异地非农就业阻碍了农户对土地进行平整改造。相反地，低压管灌溉技术的采纳更多受到资金的约束，随着劳动力转移程度的加深，“收入效应”逐渐增强，缓解了农户在采纳现代技术上的资金约束，提高了农户对风险的抵抗力，增加了农户采纳该项技术的可能性。

此外，人力资本对农户采纳现代化灌溉技术和设备具有显著的影响。劳动力的数量，即劳动力资源禀赋对农户采纳节水灌溉技术存在显著的正向影响。但家庭人口中16岁以下未成年人所占比例的增加不利于促进农户采纳节水灌溉技术。受访者年龄这一变量与农户技术采纳行为存在显著的负相关关系。在技术采纳过程中无论是资本还是劳动力方面，年龄较大的农户投入都更少。

除了人力资本和农户家庭劳动力的非农就业之外，提高农户对节水灌溉技术的认知程度也有利于促进其对技术的采纳行为。家庭耕地面积大的农户更倾向于采纳节水灌溉技术，而灌溉用水的价格上涨会增加农户的用水成本，推动其采纳节水灌溉技术。研究结果还表明，参与过技术培训的农户更有可能采纳低压管灌溉技术。对家庭耕地质量评价较高的农户对传统节水灌溉技术的采用反而较少，耕地质量差的农户更倾向于采纳节水灌溉技术来改善土地生产条件。

第5章　华北地区粮农地下水灌溉用水效率分析

节水灌溉技术采纳效应是农户在技术采纳的确认阶段对技术进行再次评估、确认的重要依据，决定着农户是否会持续使用该项技术。在分别考察了非农就业与农户节水灌溉技术认知、采纳意愿与采纳行为之间关系的基础上，本章进一步分析了农户家庭劳动力非农就业、节水灌溉技术采纳和灌溉用水表现三者之间的关系，有助于厘清非农就业程度不同的农户在节水灌溉技术采纳效应方面的不同表现，理解非农就业在农户技术采纳的确认阶段所扮演的角色。

本章将通过两种途径考察非农就业与节水灌溉技术采纳效应的关系。一方面，将农户分为已采纳节水灌溉技术的兼业农户、未采纳节水灌溉技术的兼业农户、已采纳节水灌溉技术的纯农业农户和未采纳节水灌溉技术的纯农业农户四组，分别检验每组农户的灌溉用水效率、亩均灌溉用水量、灌溉频率的组间差异，以考察非农就业、节水灌溉技术采纳与农户灌溉用水表现之间的相关关系。另一方面，利用似不相关回归法和工具变量法对模型进行估计，以考察非农就业对农户灌溉用水表现的影响，探究节水灌溉技术在其中发挥的调节作用。

5.1　研究假设的提出

节水灌溉技术推广的目标主要是减少灌溉用水投入量和提升灌溉用水效率。本章进一步对农户节水灌溉技术采纳效应进行了考察。以往研究对节水灌溉技术的效果评价主要包括技术采纳后对灌溉用水的投入量（Huang等，2017）、工程意义上的农作物水资源吸收利用效率（王梦影，2016）和管理意义上灌溉用水效率的改变（Yigezu等，2013），以及各类节水灌溉技术采纳带来的增产效应（周建伟等，2004；杨义三等，2010）和减贫效应（Adeoti，2009）。

采纳节水灌溉技术是否能够达到降低农户灌溉用水投入量、提高其用水效率的目标，对这一问题的答案在学界尚存在争议，学者们尝试从不同的角度解释。Huang等（2017）利用河南省、河北省、宁夏回族自治区的农户面板数据，分析了农户采纳不同类型节水灌溉技术对灌溉用水量、灌溉用水生产率以及不同作物灌溉面积的影响。研究发现，节水灌溉技术采纳能够降低灌溉用水的投入量，但节水效应主要来自于农户家庭层面和社区集体层面采纳的节水灌溉技术。值得注意的是，Pferffer和Lin（2014）研究发现，对一些技术的采纳由于种种原因反而会增加灌溉用水量。节水灌溉系统能否真正降低灌溉用水的投入量还取决于其他经济因素和自然条件，例如农民运用节水技术的熟练程度和技巧、土壤环境等（Peterson和Ding，2005；Ward和Pulido－Velazquez，2008）。Huffaker和Whittlesey（1995）研究结果显示，灌溉用水效率提高意味着农户用水的单位成本降低，而为了追求增产效果农户反而会增加作物的灌溉面积，导致灌溉用水的总量增加。Wallander和Hand（2010）在对一项环境质量项目评估中也发现了类似的结果。研究发现节水灌溉技术的推广降低了单位面积灌溉用水的投入率，但由于灌溉面积的增加，灌溉用水的总投入量也随之提高。对节水灌溉技术采纳的效果研究还需要更多的经验证明和实证研究，对其中原因的解释也需从更多角度探讨。

农户的家庭资源禀赋对其节水灌溉技术采纳具有正向的影响效应，而非农就业带来的家庭资源禀赋变化是否会进一步影响灌溉用水的效率、用水量等其他指标（即技术采纳效应），有待进一步考察。例如，第6章研究发现，本地非农就业对农户进行小畦灌溉的行为具有显著的正向影响，而且本地非农就业劳动力占比越高，农户亩均作畦数量越多。在此基础上，本章继续探讨非农就业是否对农户灌溉用水效率产生影响，这一影响效应是否受到小畦灌溉这一技术采纳行为的调节。

基于此，本章提出以下有待检验的研究假设：

假设1：农户家庭劳动力非农就业、节水灌溉技术采纳和灌溉用水表现之间存在相关性。

假设2：非农就业对农户节水灌溉技术采纳效应产生影响。

假设3：非农就业对农户灌溉用水效率产生影响，且该影响效应受到节水灌溉技术采纳的调节。

通过对以上研究假设的检验，本章考察了样本区域不同劳动力转移程度的农户在灌溉用水表现上的差异，着重分析了其在灌溉用水效率上表现出的显著差异，即兼业农户中节水灌溉技术采纳者和未采纳者的灌溉用水效率差异，以及所有的节水灌溉技术采纳者之中兼业农户和纯农业农户的灌溉用水差异。此外，利用回归模型进一步分析了非农就业对农户灌溉用水效率的影响，考察这一影响效应是否受到农户技术采纳行为的影响。

5.2 实证模型与变量设定

5.2.1 实证模型设定

本章主要使用两个模型来检验非农就业程度不同的农户在灌溉用水方面表现出的差异。

首先，为了探究劳动力非农就业对粮食生产灌溉用水行为的影响，估计以下方程：

$$Y_{kiv}=\beta_{k0}+M_{iv}\beta_{k1}+\beta_{k2}p_{iv}+W_{iv}\beta_{k3}+L_{iv}\beta_{k4}+H_{iv}\beta_{k5}+\varepsilon_{kiv} \tag{5.1}$$

其中，Y_{kiv}表示第 v 个村庄中第 i 户农户粮食生产的第 k 个被解释变量。根据选取的被解释变量，以三类不同的描述农户粮食生产灌溉用水的指标（在作物的一季生长过程中农户家庭劳动力投入灌溉的总时间、抽取的灌溉用地下水总量①和农户抽取地下水灌溉的次数）以及农户对水井的投入、粮食作物产值、单位立方米地下水的产值为因变量，考察非农就业对农户灌溉用水投入及表现的影响。ε_{kiv}为随机误差项，灌溉总时长和地下水用水总量都使用对数形式。

在模型的估计方法选取上，尽管因变量中存在连续变量和二分类变量，在

① 参考以往研究（Eyhorn 等，2005；Srivastavaa 等，2009；Watto 和 Mugera，2014），地下水灌溉用水量的计算方式如下：$Q=0.001\times T\times 129.5741\times BHP/[DEP+(255.5998\times BHP^2)/(DEP^2\times DIA^4)]$。其中，$Q$ 表示抽取的地下水总量（立方米）；T 表示抽水用的总时间（小时）；BHP（Brake Horsepower）表示抽取地下水所用的机械动力（马力）；DEP 表示所抽水井的深度（米）；DIA 表示抽水用的管道直径（寸）。

主要的变量设定中，采用似不相关回归（SUR）进行估计。期间使用三阶段最小二乘法（3SLS）和广义矩估计（GMM）方法进行工具变量估计。而3SLS和GMM方法得到的估计结果相似。

其次，灌溉用水效率是衡量农户灌溉用水表现的重要指标。因此，本章还采用了“一步法”的随机前沿分析方法，结合Kumbhakar等（2000）提出的投入要素距离函数模型（IDF），测算并分析了粮食生产灌溉用水效率及其影响因素。在生产函数的形式方面，柯布—道格拉斯（C－D）函数和超越对数（Translog）函数是两种常用的农业生产函数形式。利用似然比检验对两种函数形式进行检验，结果发现P值为0.22，不能拒绝原假设。因此，C－D函数更适用于本书样本数据。同时，C－D函数的形式较超越对数函数更为简洁，这也为本章研究能够利用基于IDF的“一步法”分析灌溉用水效率提供了条件。

在投入导向型的方法中，生产函数为 $y=f(xe^{-\eta})$，其中，y 为产出，x 为投入，η 为正数，用于衡量投入导向型技术非效率值。根据C－D函数的形式，该模型的生产函数可记为：

$$\ln Y_i = \beta_0 + \sum_j \beta_j \ln X_{ij} + v_i - (\sum_j \beta_j)\eta_i \tag{5.2}$$

其中，X_{ij}表示第 i 户农户的第 j 项投入，β 为生产函数的系数，假设随机误差项 $v_i \sim Normal(0,\ \sigma_v^2)$ 服从独立正态分布。将式(5.2)中的第 n 种投入提出，剩下的投入要素用 m 代表，则函数表示为：

$$\ln Y_i = \beta_0 + \sum_j \beta_j \ln X_{in} + \sum_{m\neq n}\beta_m(\ln X_{im} - \ln X_{in}) + v_i - (\sum_j \beta_j)\eta_i \tag{5.3}$$

由式（5.3）变化得到：

$$\ln X_{in} = (-1/\sum_j\beta_j)[\beta_0 - \ln Y_i + \sum_{m\neq n}\beta_m(\ln X_{im} - \ln X_{in}) + v_i] - \eta_i \tag{5.4}$$

在式(5.4)中令 $\ln X'_{im} = \ln X_{im} - \ln X_{in}$，$v'_i = (-1/\sum_j\beta_j)v_i$，$\alpha$ 为系数，代入得到：

$$\ln X_{in} = \alpha_0 - \alpha_1 \ln Y_i + \alpha_m \ln X'_{im} + v'_i - \eta_i \tag{5.5}$$

由此可知，生产函数中的系数值 β 可以由估计值 α 求得，即

$$\alpha_0 = (-1/\sum_j \beta_j)\beta_0$$

$$\alpha_1 = (-1/\sum_j \beta_j)\beta_1$$

$$\alpha_m = (-1/\sum_j \beta_j)\beta_m$$

更直接地来说，当 $m \neq n$ 时，$\beta_m = \alpha_1 \times \alpha_m = \sum_j \beta_j - \sum_{m \neq n} \beta_m = -1/\alpha_1 - \sum_{m \neq n}(\alpha_1 \times \alpha_m)$，而系数的标准误差则由 Delta 方法计算得到。

不同于以往研究中利用“一步法”得到产出导向型技术效率值，再借助公式推导出单要素利用效率的方法，在本章研究中，对式（5.5）的估计能够在一步估计中直接得到投入导向型技术非效率的估计值。此外，为了研究影响技术非效率的因素，可同时估计式（5.5）和式（5.6）：

$$\eta_i = \theta_0 A_i + \theta_1 O_i + H_i \theta_{2i} + L_i \theta_{3i} + W_i \theta_{4i} + \theta_5 E_i + u_i \tag{5.6}$$

该方程体现了影响投入导向型技术非效率值 η_i 的系列因素。在本章中 η_i 表示粮食生产灌溉用水投入的技术非效率值，影响灌溉用水效率的因素包括外出务工的劳动力比例(A_i)和本地非农就业比例(O_i)，农户家庭特征(H_i)，土地特征(L_i)，灌溉用水特征(W_i)和农户接受农业技术推广服务的情况(E_i)。

由于农户在做出生产决策的同时也可能做出家庭劳动力非农就业的决策，为了解决可能存在的内生性问题，本书加入工具变量并采用两阶段最小二乘法(2SLS)进行估计。第一阶段对以下两个方程式进行估计，得到非农就业变量的估计值 $\widetilde{A}_i$ 和 $\widetilde{Q}_i$：

$$\widetilde{A}_i = \delta_{a0} + \delta_{a1} Z_i + \delta_{a2} H_i + \delta_{a3} L_i + \delta_{a4} W_i + \delta_{a5} E_i + \omega_{ai} \tag{5.7}$$

$$\widetilde{O}_i = \delta_{b0} + \delta_{b1} Z_i + \delta_{b2} H_i + \delta_{b3} L_i + \delta_{b4} W_i + \delta_{b5} E_i + \omega_{bi} \tag{5.8}$$

第二阶段以非农就业的估计值 $\widetilde{A}_i$ 和 $\widetilde{Q}_i$ 替代式(5.6)中的 A_i 和 O_i 进行一步

估计。Z_i 代表所采用的工具变量。根据 Mckenzie 和 Rapoport（2011）的研究，将家庭劳动力转移的历史作为工具变量是可取的。此外，Zaiceva 和 Zimmermann（2008）研究发现，社会关系网络是影响劳动力转移的重要因素。因此，在本章微观研究中，选取了 10 年前外出务工的亲戚数量(Z_1)和本地非农就业的亲戚数量(Z_2)作为工具变量，并通过 Durbin – Wu – Hausman 检验其有效性。结果表明，这两个变量可作为有效的工具变量。此外，通过 Bootstrap 方法得到标准误，并使用最大似然法（MLE）估计式（5.5）和式（5.6）。

通过对模型的估计，本章首先探讨不同类型的农户在灌溉用水效率上表现出的差异，并分析非农就业对灌溉用水效率的影响效应及节水灌溉技术采纳对该效应的调节。其次探讨非农就业对节水灌溉技术采纳其他方面效应的影响，包括灌溉用水的管理、灌溉相关的投资和灌溉用水的生产率。

5.2.2 变量设定

式（5.1）和式（5.6）分别显示了影响粮食生产灌溉用水和技术非效率的一系列因素。式（5.1）中 M_{iv} 系列变量是本书所关注的重要变量，即式(5.6)中的外出务工劳动力比例(A_i)和本地非农就业比例(O_i)。在县城以外区域从事非农工作，并且每年回家次数不超过五次的劳动力，即定义为外出务工劳动力。在县级区域从事非农工作、仍在家中居住的劳动力为本地非农就业的劳动力。通常在本地从事非农工作的劳动力并没有完全脱离农业生产，在农忙季节仍然参与家庭农业生产经营活动。两类变量均运用农户外出务工或本地非农就业的劳动力占家庭劳动力总人数的比例形式。相较于以往研究中衡量劳动力非农就业的变量，如农业劳动力是否从事非农行业的虚拟变量、劳动力非农就业的人数等，本书采取比例形式，能够直接反映农户家庭劳动力非农就业的程度。

农户家庭特征系列变量（H_i）包括家庭劳动力总数、60岁以上老年劳动力所占比例、受访者年龄和受教育程度以及农户家庭拥有的农资设备现值。同时作为农业生产的投入，家庭劳动力特征可能会影响粮食生产的灌溉用水效率。由于家庭劳动力的总数和老龄化劳动力影响了农户在粮食生产中所投入的劳动力资源，包括数量和质量方面的影响，本书假设劳动力总数对灌溉用水效率有正向影响，而60岁及以上的劳动力所占比例有负向影响。劳动力年龄对灌溉用水效率的影响并不确定，因为农业生产经验的积累对灌溉用水效率有正向影响，而老龄化有负向影响。为了更详细地了解受教育程度对农户粮食生产灌溉用水的影响情况，本书将受访者的受教育程度分为三类虚拟变量，接受了小学水平的教育（受教育年限为6年及以下）、接受了初中水平的教育（受教育年限为7~9年）和接受了高中及以上水平的教育（受教育年限为9年以上）。家庭拥有的农资设备现值是家庭投资的与灌溉相关的农机具设备的折旧值之和，农机具设备包括水泵、抽水管道、塑料薄膜、农用三轮车或电动车等。

描述农户家庭土地特征的变量（L_i）包括农户家庭耕地总面积、土地块数和受访者对家庭耕地质量的评价。家庭耕地总面积反映了农户家庭粮食生产的规模，耕地面积越大，农户灌溉用水需水量越大，在灌溉中的蒸发与渗漏越多，采纳小畦灌溉等灌溉节水技术的难度越大，因此假设家庭耕地面积与灌溉用水效率有负向关系。土地块数反映了农户土地细碎化的程度，细碎化程度高的耕地提高了家庭粮食生产灌溉的难度，预期增加灌溉用水量和灌溉时长，因此假设土地块数对家庭灌溉用水效率有负向影响。土地质量变量为受访者对家庭耕地质量的评级。耕地质量越好，灌溉需水量越少，灌溉过程中的蒸发渗漏越少，因此假设耕地质量对灌溉用水效率影响为正。由于土壤质量越好的耕地保水能力越强，所需灌溉用水量越少，因此耕地质量对灌溉用水量可能有负向影响。另外，农户更倾向于在质量更高的耕地上进行投资（Pender和Kerr，1998）。

W_{iv}为描述灌溉用水特征的变量，包括耕地与水井之间的距离（千米）、水井的出水情况（1=出水量少）、水井平均深度（米）、抽水管直径（厘米）和抽水水泵的功率（千瓦时）。随着地下水位的下降，使用地下水灌溉的抽水成本将会提高。平均打井深度作为用水价格的代理变量，与地下水灌溉成本有显著关系，预期对灌溉用水效率有正向影响。随着耕地与水井之间距离的增加，在地下水输送过程中的水分流失增多，需要抽取更多地下水弥补水分的损失。因此，耕地与水井之间的距离对地下水的用水量有正向影响。在出水量少的水井中抽水，抽水所需的时间更长，灌溉所需要的劳动力时间也有所增加。节水灌溉技术的采纳包括畦灌技术、低压管道的铺设等。研究表明，节水技术的采纳有利于灌溉用水效率的提高。农业技术推广服务（E_i）为农户提供了学习、了解灌溉节水技术的渠道和机会，利于提高灌溉用水效率。值得注意的是，本文在式（5.6）的基础上加入了平均作畦数与非农就业比例的交互项，进一步考察非农就业对农户灌溉用水效率的影响是否与农户采纳节水灌溉技术的情况有关。畦灌为劳动力密集型而非资本密集型的节水灌溉技术，已为大部分农户采用。相对于漫灌来说，畦灌减少了灌溉水的渗漏和灌溉不均匀的情况。

在式（5.1）中，灌溉用水量是因变量，所以式（5.1）实际上是投入需求方程。而微观经济学中投入要素价格和产出价格都是投入需求的影响因素。粮食销售价格在各村内并无显著波动，因此不被包括在内。而由于地下水管理条例中并无具体的农村地下水用水量的细则，例如地表水灌溉即按用水量收费，而地下水用水成本大部分是以抽水所需的能源来计费，如电费或柴油费（Huang 等，2010），因此，农业灌溉用电的价格 p_{iv} 与地下水用水成本高度相关，因为本书在模型中控制了地下水用水的水井和水泵特征。在本书样本区域内，农户抽取地下水灌溉的来源主要包括自己拥有的水井、其他人的水井（从不正规的地下水市场购买）和公共水井。农户在非正规市场购买用水时会附加服务费，因此农户所交的电费有变化属于正常现象。预期地下水用水成本与用水量负相关，因为地下水用水成本升高时，用水需求会有所降低。

在生产函数中，产出变量(Y_i)设定为农户过去一年中小麦和玉米的总产值，即产量与价格之积。投入变量(X_i)为传统的农业生产投入要素，分别为土地面积、粮食生产劳动力投入、化肥投入、灌溉用水投入及其他要素投入。

各类变量具体的定义及描述见表5-1。

表5-1　变量定义及特征

变量名称	变量解释	均值	标准差	最小值	最大值
Y_i	总产出（元）	15327.63	13877.91	1650.00	111203.50
X_{i1}	灌溉用水投入（立方米）	1746.33	1751.15	127.35	11839.91
X_{i2}	土地投入（亩）	12.46	9.26	1.50	74.00
X_{i3}	劳动力投入（工作日）	126.67	177.87	10.00	748.00
X_{i4}	化肥投入（元）	1890.88	1619.48	86.00	11990.00
X_{i5}	其他要素投入（元）	2884.17	2601.06	215.00	27580.00
A_i	外出务工劳动力占家庭劳动力比例	0.15	0.24	0	1
O_i	本地非农就业劳动力占家庭劳动力比例	0.36	0.33	0	1
H_{i1}	家庭劳动力总数（人）	3.30	1.28	1	8
H_{i2}	60岁及以上老人占家庭劳动力的比例	0.38	0.40	0	1
H_{i3}	受访者年龄（周岁）	54.13	11.56	23	80
H_{i4}	受访者受教育程度（1），虚拟变量，1=受访者最高受教育程度为小学	0.22	0.42	0	1
H_{i5}	受访者受教育程度（2），虚拟变量，1=受访者接受了高中及以上水平教育	0.66	0.48	0	1
H_{i6}	家庭农资设备的现值（千元）	0.63	1.94	0	20
L_{i1}	耕地总面积（亩）	7.63	5.25	1	40
L_{i2}	地块数量	2.96	1.80	1	12
L_{i3}	土地质量，虚拟变量，1=农户认为自己的土地质量优良	0.38	0.49	0	1
W_{i1}	平均打井深度（米）	124.54	71.25	15	300
W_{i2}	技术采纳，虚拟变量，1=农户至少采用了一种节水灌溉技术	0.77	0.42	0	1

续表

变量名称	变量解释	均值	标准差	最小值	最大值
E_{i1}	农业推广，虚拟变量，1 = 农户接受了农业推广服务	0.19	0.39	0	1
E_{i2}	耕地面积，虚拟变量，1 = 农户家庭土地面积高于村级平均水平	0.42	0.50	0	1
E_{i3}	平均作畦数量	5.29	5.65	0	26.67

注：E_{i2}和E_{i3}为调节变量。

5.3 非农就业、节水灌溉技术采纳与农户灌溉用水效率

5.3.1 不同类型农户灌溉用水效率的描述性分析

使用“一步法”的随机前沿分析方法估计投入要素距离函数模型（IDF）的同时估计式（5.5）和式（5.6），得到样本农户的灌溉用水效率值及各因素对灌溉用水效率的影响情况。

不同类型农户在灌溉用水效率上的表现不同（见表5-2）。结果显示，样本农户的灌溉用水效率均值为0.88，说明在保持其他投入和现有技术水平不变的情况下，要达到现有的产出水平，样本农户中仍存在平均11.69%的节水空间。灌溉用水效率分布存在一定的波动性，最小值和最大值之间差距较大，灌溉用水效率最大能够达到0.99，而最低仅为0.21。可见在样本区域，农户粮食生产种植过程中，水资源利用效率仍存在较大的提升空间。尤其在作为粮食主产区的华北平原，水资源总量匮乏、季节分布不均，而地下水开采过度带

来了一系列资源和环境问题，在粮食作物生产过程中提高地下水灌溉效率具有非常重要的现实意义。

表5－2还展示了节水灌溉技术采纳户和非技术采纳户在灌溉用水效率方面的差别，采纳了节水灌溉技术的农户，其灌溉用水效率明显更高，达到了0.90，尚存在10%的节水空间。而未采纳节水灌溉技术的农户平均用水效率值为0.83，低于节水灌溉技术采纳户。t检验结果表明，两组农户灌溉用水效率之间的差异性是显著的，t值在5%的统计水平上显著，说明农户对节水灌溉技术的采纳行为有助于提高其灌溉用水效率。

表5－2 不同类型农户灌溉用水效率的描述性分析

	均值	标准差	最小值	最大值
总样本	0.88	18.52	0.21	0.99
兼业农户	0.88	19.91	0.21	0.99
纯农业农户	0.92	9.23	0.52	0.98
组间差异分析结果	t＝0.1391；p＝0.107			
节水灌溉技术采纳户	0.90	0.17	0.21	0.99
非节水灌溉技术采纳户	0.83	0.22	0.23	0.98
组间差异分析结果	t＝－2.564；p＝0.011			

需要解释的是，存在劳动力非农就业情况的样本农户和没有家庭劳动力参与非农就业的农户相比，不存在劳动力非农就业的农户灌溉用水效率均值更高并不能说明非农就业阻碍了用水效率的提高，由于这一结果仅为描述性分析，在没有控制其他变量的情况下，不能真正揭示非农就业和灌溉用水效率的关系。一方面，从组间差异分析的t检验结果来看，p值为0.107，没有通过显著性检验。另一方面，从标准差可以看出，存在劳动力非农就业的农户，其灌溉用水效率并非紧密集中于均值，波动性比较大，这说明部分参与了非农就业的农户灌溉用水效率可能比未参与的农户效率更高，但分散分布于均值。而不

存在劳动力非农就业的农户，即便灌溉用水效率均值较高，标准差比较小，灌溉用水效率的分布波动性相对较小，也只能说明劳动力资源发生改变后可能对灌溉用水效率产生影响。

对比发现，样本区域农户相对于其他研究中的样本农户来说，获得了较高的灌溉用水效率。例如，Karagiannis 等（2003）的研究中样本农户灌溉用水效率仅为 0.47，而 Chebil 等（2012）研究中为 0.61。但是，这二者研究对象并非粮食生产中的灌溉用水效率，二者均研究蔬菜生产的灌溉用水效率，而且研究样本区域的经纬度差异导致的气候差异是灌溉用水效率不同的关键因素。即便是同样的区域，可以看出，随着时间的推移，蔬菜生产中的灌溉用水效率水平也有所提高。

在以关东平原为样本区域的研究中（Tang 等，2015），小麦生产的灌溉用水效率也仅为 0.35。但该研究中，农户小麦生产种植使用的是地表水灌溉，而本书样本则选取地下水灌溉。《全国灌溉用水有效利用系数测算分析报告》（高峰，2008）指出，地表水灌溉的区域灌溉用水效率（0.40）低于地下水灌溉区域（0.60）。由于地下水在输水过程中采用管道运输，水分损失较小，而在地表水的运输过程中，由于蒸发、渗漏等，渠道中水分损失较严重。此外，河北省地下水资源匮乏，因而有较高的灌溉用水效率。Tanner 和 Sinclair（1983）指出，在水资源缺乏的区域更容易实现经济学角度的有效灌溉。Tang 和 Folmer（2015）研究也发现，农户对灌溉用水稀缺性的认知程度对灌溉用水效率有显著的正向影响。

5.3.2 不同类型农户灌溉用水效率的多重比较分析

本章使用多重比较分析法（Multiple Comparison）中的最小显著性差异法（LSD，Least Significant Difference），对不同农户组别之间灌溉用水效率的差异进行了显著性检验。结果如表 5－3 所示。将农户分为已采纳节水灌溉技术的兼业农户（第1组）、未采纳节水灌溉技术的兼业农户（第2组）、已采纳节水灌溉技术的纯农业农户（第3组）和未采纳节水灌溉技术的纯农业农户（第4组）四组，分别检验了每组之间的灌溉用水效率差异。

结果显示，第1组和第2组农户之间存在显著的组间均值差异（P值为0.005），说明在兼业农户中采纳节水灌溉技术对提高其灌溉用水效率具有显著的促进作用。第2组和第3组农户之间存在显著的组间均值差异（P值为0.014），说明采纳节水灌溉技术的纯农业农户与未采纳节水灌溉技术的兼业农户之间的灌溉用水效率具有显著的差异性。此外，未采纳节水灌溉技术且家庭劳动力不存在非农就业情况的农户组（第4组），与其他各组的组间均值差异都不显著，也说明了非农就业和节水灌溉技术均对农户灌溉用水效率产生了影响。

表5-3 不同类型农户灌溉用水效率的多重比较分析结果

组别		均值差异	标准差	P值	95%置信区间	
					下限	上限
1	2	0.899	0.314	0.005	0.028	0.152
	3	-0.018	0.037	0.625	-0.091	0.055
	4	-0.013	0.627	0.832	-0.137	0.110
2	1	-0.090	0.314	0.005	-0.152	-0.028
	3	-0.108	0.044	0.014	-0.194	0.022
	4	-0.103	0.067	0.124	-0.235	0.028
3	1	0.018	0.037	0.625	-0.078	0.091
	2	0.108	0.044	0.014	-0.022	0.194
	4	0.005	0.070	0.945	-0.132	0.142
4	1	0.013	0.063	0.832	-0.110	0.137
	2	0.103	0.067	0.124	-0.028	0.235
	3	-0.005	0.070	0.945	-0.142	0.133
ANOVA结果：df=3，F=3.183，P=0.025，组间差异显著						

注：1=采纳节水灌溉技术的兼业农户；2=未采纳节水灌溉技术的兼业农户；3=采纳节水灌溉技术的纯农业农户；4=未采纳节水灌溉技术的纯农业农户。

为了继续探索非农就业影响节水灌溉技术采纳的内在机制，本章还进一步探讨了节水灌溉技术采纳在非农就业对灌溉用水效率的影响中发挥的调节作用（见5.3.3小节）。

5.3.3 非农就业、节水灌溉技术采纳与农户灌溉用水效率的实证分析

从表5-4可以看出，家庭劳动力的非农就业总体上对灌溉用水效率有正向影响，非农就业收入能够减轻资金不足给农业生产带来的约束，增加农户采纳更加先进的灌溉技术、参与新型组织模式以及改善灌溉基础设施和设备水平的可能性。结果显示，在其他条件不变的情况下，参与本地非农就业的劳动力数量占家庭劳动力总数的比例提高1个百分点，灌溉用水效率提升13.98个百分点，且估计系数在1%的水平上通过了显著性检验。劳动力外出务工对灌溉用水效率的提高同样也有推动作用，但未通过显著性检验。不同的是，参与本地非农就业的劳动力并没有完全脱离农业生产，使得家庭劳动力配置依然具有较大的灵活性，例如，为了节约成本，劳动力在农忙季节中止非农就业活动并参与家庭农业生产活动。这一结果也侧面反映了劳动力投入要素对于粮食生产灌溉环节的重要性，家庭劳动力更充足、配置更灵活的农户在灌溉用水效率方面更具优势。这一结论与以往研究发现相符合，例如，在Tang和Folmer（2015）对关东平原320户小麦种植农户的调查研究中发现，从事农业生产时间所占的比例越大，农户的灌溉用水效率越低。其中原因可能是未参加非农活动的农户存在过度灌溉现象，而劳动力的非农就业能够减少农业生产中的灌溉用水使用量。Wachong Castro等（2010）也发现，农村劳动力的非农就业与每亩地灌溉用水量存在显著的负向关系。

表5-4 农户家庭劳动力非农就业对粮食生产灌溉用水效率的影响分析结果

	(1) MLE	(2) 加入2SLS的MLE估计	(3) MLE	(4) 加入2SLS的MLE估计
外出务工劳动力占家庭劳动力的比例	0.413 (0.516)	6.065 (4.773)	0.126 (0.124)	-1.303 (2.985)
本地非农就业劳动力占家庭劳动力的比例	0.419 (0.489)	3.338 (3.221)	0.083 (0.097)	-13.98*** (5.285)
家庭劳动力总数(人)	-0.238*** (0.085)	-0.356 (0.393)	0.043 (0.026)	-0.190 (0.356)
60岁及以上老人占家庭劳动力的比例	0.114 (0.433)	-0.449 (1.026)	0.076 (0.085)	1.725* (0.975)
受访者年龄(周岁)	0.437*** (0.137)	-0.016 (0.312)	0.027 (0.038)	-0.186 (0.472)
受访者最高受教育程度为小学	-0.318 (0.420)	-1.159 (0.995)	0.039 (0.108)	0.286 (1.437)
受访者接受了高中及以上水平教育	0.356 (0.234)	-1.079 (1.290)	-0.03 (0.101)	0.008 (1.303)
家庭农资设备的现值(千元)	0.022 (0.029)	0.023 (0.064)	0.012 (0.008)	0.051 (0.111)
耕地总面积(亩)	0.144*** (0.026)	0.433** (0.206)	0.075*** (0.011)	0.344* (0.186)
地块数量	0.210*** (0.076)	-0.241 (0.336)	0.001 (0.021)	0.278 (0.318)
农户认为自己的土地质量优良	-0.359 (0.263)	-0.178 (0.593)	0.017 (0.058)	-1.587* (0.933)
平均打井深度(米)	-0.026*** (0.003)	-0.056*** (0.027)	-0.0002 (0.001)	-0.071** (0.028)
农户至少采用了一种节水灌溉技术	-0.718** (0.364)	-1.015 (0.854)	0.006 (0.083)	-1.992 (1.315)
农户接受了农业推广服务	-0.155 (0.259)	-1.509 (0.990)	-0.063 (0.08)	-0.334 (0.964)
农户家庭土地面积高于村级平均水平			0.013 (0.071)	-0.392 (0.916)

续表

	(1) MLE	(2) 加入2SLS的MLE估计	(3) MLE	(4) 加入2SLS的MLE估计
平均作畦数量			-0.002 (0.002)	0.084 ** (0.042)
外出务工劳动力比例×耕地面积虚拟变量			-0.293 (0.273)	-1.301 (3.159)
本地非农就业劳动力比例×耕地面积虚拟变量			0.551 *** (0.181)	4.554 (2.814)
异地非农就业劳动力比例×平均作畦数量			-0.004 (0.008)	-0.253 ** (0.110)
本地非农就业劳动力比例×平均作畦数量			0.002 (0.007)	-0.366 *** (0.128)
常数项	3.369 (1.646)	1.109 (2.683)	0.152 (0.281)	11.46 ** (4.616)
县级地区虚拟变量	有	有	有	有

注：MLE（Maximum Likelihood Estimation）指最大似然估计；2SLS（Two - stage Least Squares）指两阶段最小二乘法；括号内为标准误差；*、** 和 *** 分别表示在10%、5%和1%的水平上显著；（1）（2）模型中未加入调节变量 E_{i2} 和 E_{i3}，（3）（4）模型中加入了调节变量 E_{i2} 和 E_{i3}。

值得注意的是，农户家庭劳动力参与非农就业对灌溉用水效率的提升作用在更好地实施了畦灌技术的农户中得到了加强。无论是本地还是异地非农就业的比例与耕地平均作畦数量的交互项系数符号均为负，且分别在1%和5%的水平上通过了显著性检验，说明农户耕地平均作畦数量作为调节变量，调节了非农就业对灌溉用水效率的影响。对于耕地平均作畦数多的农户来说，参与非农就业的比例越大，越有可能提升粮食生产的灌溉用水效率。换言之，农户平均作畦数量越少，非农就业对农户灌溉用水效率带来的正向影响越小。说明畦灌作为传统的农田灌溉技术，在农户非农就业对灌溉用水效率的影响中起了至关重要的作用。究其原因，非农就业减少了能够配置于农业生产中的劳动力数量，而畦灌技术对劳动力的节约能够缓和非农就业对灌溉环节劳动力剥夺带来的影响。尽管农户在耕地上作畦是耗时耗力的，但畦灌技术的采纳对劳动力的消耗是一次性的，一旦准备好畦，便能够在同样的灌溉条件下减少用水量、降低灌溉用水的渗漏。因此，采纳畦灌技术能够减少灌溉次数和每次灌溉的时长，从而在农田灌溉环节节约劳动力。这一结果与前文研究完全吻合，劳动力非农就业能够增加农户采纳小畦灌溉的可能性，家庭非农就业劳动力占的比例越大，作畦数量越多。

在反映家庭劳动力特征和决策者个人特征的变量中，仅有老年劳动力占家庭劳动力总数的比例对家庭灌溉用水效率有负向影响，并通过了显著性检验。说明农户家庭劳动力结构中，老年劳动力所占比例越大，家庭灌溉用水效率越低。这一结果侧面反映了现阶段我国农村劳动力老龄化现象，在劳动力大量转移的背景下，家庭劳动力的不足以及参与农业生产的劳动力质量约束等问题逐渐凸显。即便年长的劳动力在农业生产中有相对较为充足的经验，如畦灌技术等，也无法负担需要消耗大量劳动力的农业生产活动。这一发现与 Sauer 等（2015）的研究结果相一致。

在反映耕地特征的变量中，家庭拥有耕地总面积的系数为正且通过了显著性检验。这一结果表明，家庭拥有的耕地总面积越大，灌溉用水效率越低，换言之，小农户在灌溉用水方面更有效率。大规模经营的农户相对于小农户来说，一是灌溉用水需求量更多，二是田间灌溉用水的蒸腾量增多，三是为了节约劳动力成本较少采用畦灌等传统灌溉节水技术。以往研究也有同样的发现，例如，在 Speelman 等（2008）和 Karagiannis 等（2003）的研究中均发现耕地面积对用水效率有显著的负向影响。虽然未通过显著性检验，地块数量的系数为正，说明土地细碎化仍可能是阻碍农户提高灌溉用水效率的因素之一。此外，研究还发现农户拥有的耕地质量优良与灌溉用水效率存在正向影响。原因可能是优良耕地的土壤保水能力更强，作物生长所需营养能够更好地得到满足，降低了作物的需水量。

平均打井深度系数为负且均在1%的水平上显著。平均打井深度在一定程度上反映的是农户使用地下水灌溉的成本，井深越深，抽取地下水灌溉的成本越高。因此，平均打井深度可以作为灌溉用水价格和成本的代理变量。系数为负说明地下水灌溉的成本越高，农户灌溉用水效率越高。Cummings和Nercissiantz（1992）研究发现，用水价格是提高用水效率的有效手段之一，但Huang等（2010）还发现只有当水价被提升到相当高的程度才能够发挥促进节约用水的作用。这一结论与本书发现相符合，灌溉成本对用水效率的影响效应较小，系数的绝对值仅为0.06~0.07。

此外，农户采用节水灌溉技术和接受农业技术推广的经历对提高灌溉用水效率有正向影响。农业技术推广是技术转化为生产力的纽带，可以为农户提供了解、学习新型节水灌溉技术的机会，提高灌溉用水效率。研究表明，农户参与农业技术推广能够促进节水灌溉技术的采纳（Zhou等，2008）。此外，农户获取新信息有利于提高其管理灌溉用水的能力。Karagiannis等（2003）研究发现，增加农户参与农业技术推广次数有利于农户灌溉用水效率的提高。

5.4 本章小结

本章着重分析了非农就业对农户节水灌溉技术采纳效应的影响，即在技术采纳的确认阶段，农户家庭劳动力非农就业所发挥的作用。具体而言，分析了不同劳动力转移程度的农户在灌溉用水表现上的差异，根据是否采纳节水灌溉技术和是否发生了兼业行为将农户分为四组，分别考察各组在平均灌溉频次、平均灌溉用水投入量和灌溉用水效率方面展现的差异性，重点分析了农户在灌溉用水效率上的差异性。此外，运用随机前沿分析方法（SFA）并结合投入要素距离函数模型（IDF）的“一步法”，在测算农户灌溉用水效率的基础上，考察了影响农户灌溉用水效率的因素，并着重探究非农就业和节水灌溉技术采纳在影响农户粮食生产灌溉用水效率中的作用。

在结构上，通过两种途径考察非农就业与节水灌溉技术采纳效应的关系。

首先，利用多重比较分析法中 LSD 检验法，分析了其在灌溉用水效率上表现出的显著差异，即兼业农户中节水灌溉技术采纳者和未采纳者的灌溉用水效率差异，以及所有的节水灌溉技术采纳者之中兼业农户和纯农业农户的灌溉用水差异。

其次，利用似不相关回归（SUR）、三阶段最小二乘法（3SLS）和广义矩估计（GMM）方法的工具变量估计等方法，分析了非农就业对农户灌溉用水效率、灌溉频率和灌溉用水投入总量的影响，进一步考察了这一影响效应是否受到农户技术采纳行为的影响。

得到研究结果如下：

一是不同类型的农户在灌溉用水效率的表现上存在显著的差异性。采纳节水灌溉技术农户的灌溉用水效率高于未采纳农户，且这一差异通过了显著性检验。说明节水灌溉技术采纳与农户灌溉用水效率之间具有显著的正相关关系。通过对农户的分组并分析组间均值差异发现，在兼业农户中，采纳节水灌溉技术对提高其灌溉用水效率具有显著的促进作用，采纳节水灌溉技术的纯农业农户与未采纳节水灌溉技术的兼业农户之间的灌溉用水效率具有显著的差异性。

研究还发现，样本农户的平均灌溉用水效率为 0.88，且分布存在一定的波动性，说明在样本区域的粮食生产种植过程中仍存在较大的节水空间。尤其是河北省地处华北平原，属粮食主产区，而小麦生产的灌溉水资源主要来源于地下水。在粮食作物生产过程中提高地下水灌溉效率，对促进节水农业发展具有十分重要的意义。

二是通过进一步探究非农就业对灌溉用水效率的影响，发现家庭劳动力参与本地非农就业对灌溉用水效率的提高有显著的正向影响，而且该影响效应受到农户耕地平均作畦数量的调节，在花费更多精力实施畦灌技术的农户中更为显著。本地非农就业相对于外出务工来说，劳动力流失效应相对较小，对灌溉用水效率的影响效应更为显著。本地非农就业的劳动力并没有完全脱离农业生产，对家庭农业生产的劳动力流动性的制约相对较小，在机械化逐步推广的条件下甚至有能力合理兼顾农业生产和非农就业，因此有利于农村劳动力的合理配置。在其他衡量技术采纳效应的指标上，研究结果表明农户家庭劳动力非农就业显著减少了粮食生产灌溉的总时长和灌溉用水总投入量。

三是用水成本的提高对灌溉用水效率提升有显著的正向影响，说明了样本区域农业用水的价格未能反映水资源的商品价值，或者由于政策补贴降低了农户对于水价的实际感受。价格是实现资源配置的有效手段，必须以水价机制改革为手段，充分发挥水价调整对资源利用的调节作用，提高农业水资源利用效率。然而农业用水定价必须在反映水资源商品价值的同时考虑农户的承受能力，且在对农业用水进行补贴的同时宣传节水的必要性，引起农户的重视，提高其节水意识，鼓励农户采纳节水技术。

总而言之，在技术采纳的确认阶段，非农就业对农户节水灌溉技术采纳效应也存在显著的影响，农户参与本地非农就业的比例越高，其灌溉用水效率越高，而且该影响效应受到农户耕地平均作畦数量的调节，在花费更多精力实施畦灌技术的农户中更为显著。说明非农就业、节水灌溉技术采纳与农户灌溉用水之间存在相关性，在技术采纳确认阶段维护农户对节水技术评价的努力中，还应注重考察其家庭劳动力资源禀赋的情况。

第 6 章　各省区粮食生产灌溉用水效率的时空分析

本章仍运用随机前沿分析方法的“一步法”，基于前期建立的理论分析框架并利用省域面板数据测算了中国粮食生产灌溉用水效率并分析灌溉用水效率的时空分布，探究农村劳动力转移与中国粮食生产灌溉用水效率的关系。本章的目的在于通过宏观层面的分析，进一步对前文基于样本数据的实证分析进行补充和佐证，尝试将地表水灌溉纳入分析的范畴，考察灌溉用水效率是否仍受到农村劳动力转移这一因素的影响。

6.1　模型设定

以往研究中最常用的测算农业生产技术效率的方法为数据包络分析方法（DEA）和随机前沿分析方法（SFA）。DEA 属于非参数方法，而 SFA 属于参数法。由于使用 DEA 方法衡量的生产函数边界是确定性的，所有随机干扰项都被纳入效率因素考虑。此外，DEA 方法对异常值、极值相当敏感，易受它们的影响，不能很好地处理实地调查研究中的数据质量、测量误差等问题。学界多使用 SFA 方法测算农业生产技术效率，该方法同时考虑了无效率因素和随机冲击因素对产出的作用（王学渊，2010）。借鉴 Battese 和 Coelli（1995）提出的技术效率损失模型，通过“一步法”测算农业生产的技术效率。但“一步法”用于测算产出导向型的生产技术效率，而在测量单要素技术效率时，如测量灌溉用水效率，目前更多使用 Reinhard 等（1999）提出的两阶段估计方法。第一步，使用“一步法”测算出产出导向型的农业生产技术效率；第二步，使用偏要素利用效率的计算公式计算出灌溉用水效率。以此方法推算的单要素技术效率仍然存在有偏和低效的问题。

本章研究采用“一步法”随机前沿分析方法，结合 Kumbhakar 等（2000）提出的投入要素距离函数模型（IDF），测算了中国粮食生产灌溉用水效率以及粮食生产劳动力投入要素的变化对灌溉用水效率的影响。本章使用柯布—道格拉斯（C－D）生产函数形式，该生产函数形式简洁，为利用基于 IDF 的“一步法”分析灌溉用水效率提供了有利条件。

在投入导向型的方法中，生产函数为 $y=f(xe^{-\eta})$，其中，y 为产出，x 为投入，η 为正数，用于衡量投入导向型技术非效率值。根据 C－D 函数的形式，该模型的生产函数可记为：

$$\ln Y_i = \beta_0 + \sum_j \beta_j \ln X_{ij} + v_i - (\sum_j \beta_j)\eta_i \tag{6.1}$$

其中，X_{ij}表示第 i 个省份的第 j 项投入，β 为生产函数的系数，假设随机误差项 $v_i \sim Normal(0, \sigma_v^2)$服从独立正态分布。将式(6.1)中的第 n 种投入提出，剩下的投入要素用 m 代表，则函数表示为：

$$\ln Y_i = \beta_0 + \sum_j \beta_j \ln X_{in} + \sum_{m \neq n} \beta_m (\ln X_{im} - \ln X_{in}) + v_i - (\sum_j \beta_j)\eta_i \tag{6.2}$$

由式（6.2）变化得到：

$$\ln X_{in} = (-1/\sum_j \beta_j)[\beta_0 - \ln Y_i + \sum_{m \neq n} \beta_m (\ln X_{im} - \ln X_{in}) + v_i] - \eta_i \quad (6.3)$$

在式（6.3）中令 $\ln X'_{im} = \ln X_{im} - \ln X_{in}$，$v'_i = (-1/\sum_j \beta_j) v_i$，$\alpha$ 为系数，代入得到：

$$\ln X_{in} = \alpha_0 - \alpha_1 \ln Y_i + \alpha_m \ln X'_{im} + v'_i - \eta_i \quad (6.4)$$

由此可知，生产函数中的系数值 β 可以由估计值 α 求得，即

$$\alpha_0 = (-1/\sum_j \beta_j)\beta_0$$

$$\alpha_1 = (-1/\sum_j \beta_j)\beta_1$$

$$\alpha_m = (-1/\sum_j \beta_j)\beta_m$$

更直接地来说，当 $m \neq n$ 时，$\beta_m = \alpha_1 \times \alpha_m$，$\sum_j \beta_j - \sum_{m \neq n} \beta_m = -1/\alpha_1 - \sum_{m \neq n} (\alpha_1 \times \alpha_m)$。

此外，为了分析研究影响技术非效率的因素，同时估计式（6.4）和式（6.5）：

$$\eta_i = \theta_0 M_i + \theta_1 E_i + C_i \theta_{2i} + L_i \theta_{3i} + W_i \theta_{4i} + u_i \quad (6.5)$$

式(6.5)体现了影响投入导向型技术非效率值 η_i 的系列因素。在本章中 η_i 表示粮食生产灌溉用水投入的技术非效率值，第一产业就业比例(M_i)为农村第一产业就业人员总数与农村从业人员总数之比。值得注意的是，该变量反映了中国农村劳动力在第一产业的就业情况，而该变量的变化则恰好反映了农村劳动力从事非农就业的情况。当农村第一产业就业人员比例下降时，意味着农村劳动力从第一产业转移至非农部门就业的比例增加。因此，在对该变量进行解释时，非农就业对粮食生产灌溉用水效率的影响方向与该变量的方向相反。农村劳动力受教育水平(E_i)为每百个农村劳动力的平均受教育年限，反映了农村劳动力素质的变化，农村人力资本包括劳动力的数量和质量两方面。此外，研究农村劳动力非农就业对灌溉用水效率的影响，有必要控制气候条件

(C_i)、粮食作物的播种面积(L_i)和各地区的水资源特征(W_i)。气候条件包括年均降水量、年均气温、旱灾和涝灾的成灾面积；耕地面积包括水稻、小麦和玉米三种粮食作物的播种面积；水资源特征包括水资源总量和农村水利建设投资占农村总投资的比例。由于本章使用的数据和设置的自变量与第 4 章相同，此处省略变量的界定和数据的描述性分析。

6.2 粮食生产灌溉用水效率的测算及时空分布特征

6.2.1 各投入要素产出弹性分析

式（6.4）的估计结果不仅包括各区域投入要素的产出弹性，即系数值 β 的估计（见表6-1），还包括观察的各单位在不同时间的灌溉用水效率（见表 6-2）。从土地投入来看，土地资源仍然是中国粮食生产的重要投入要素。在平衡区可以适当增加耕地资源的投入，有利于保证粮食产量的提高。但是在粮食主产区，播种面积产出弹性为负，说明在主产区内，粮食增产不能紧紧依靠土地规模的扩大，粮食生产有必要向依靠技术进步的现代农业生产模式转变。

表 6-1 中国粮食作物生产投入要素产出弹性

变量	全国		主产区	
	系数	标准差	系数	标准差
粮食作物播种面积	1.732***	0.468	-0.997***	0.263
粮食生产劳动力投入	-0.312*	0.175	0.035	0.062
粮食生产机械动力投入	-0.776*	0.452	0.069	0.057

续表

变量	全国		主产区	
	系数	标准差	系数	标准差
粮食生产化肥投入	0.015	0.167	0.146	0.123
粮食生产灌溉用水投入	1.785***	0.399	1.089***	0.079
t检验（H_0：规模报酬不变）	1.126**	0.512	1.837***	0.256

变量	主销区		平衡区	
	系数	标准差	系数	标准差
粮食作物播种面积	0.521	3.367	2.295***	0.808
粮食生产劳动力投入	3.521	4.626	0.458	0.413
粮食生产机械动力投入	-0.493	0.506	-0.672*	0.382
粮食生产化肥投入	-1.62	0.803	2.433*	1.297
粮食生产灌溉用水投入	2.847	1.494	1.45***	0.319
t检验（H_0：规模报酬不变）	0.918	1.231	3.063*	1.746

注：*、**和***分别表示在10%、5%、1%统计水平上显著。

从全国范围来看，劳动力投入和机械投入的产出弹性为负，且在10%的水平上通过了显著性检验，但这并不能说明劳动力和机械投入在粮食生产经营中不再重要，而是说明中国粮食生产中存在剩余劳动力的现象，而随着粮食生产机械化的逐渐推广，劳动力进一步得到解放，这一结论与其他研究结果相一致（马林静，2015；汪小勤，2009等）。

粮食生产化肥投入系数仅在平衡区显著，说明中国粮食生产有必要由过去的以化肥、农药等生产物资投入为增长点的模式，向环境友好、可持续发展的方向转型。而且对化肥投入的过度依赖容易造成农业面源污染的加重，加剧粮食生产所面临的资源环境约束。

粮食生产灌溉用水投入系数为正，且在全国、主产区和平衡区均在1%的水平上显著，说明现阶段中国粮食生产中灌溉用水投入量不足，保障农业灌溉用水投入、扩大有效灌溉的面积，有利于中国粮食作物产量的提高。

6.2.2 灌溉用水效率的测算及时空维度分析

表6－2展现了各单位2003～2012年的灌溉用水效率值。全国农业粮食生产灌溉用水的平均效率值为0.71，在其他条件不变的情况下，粮食生产灌溉仍有29%的节水空间。从空间差异的角度分析，主产区（多为中部和东北部分省份）灌溉用水效率均值最低为0.51，其次为主销区（多为东部沿海各省份）0.77，最高的平衡区（多为西部各省份）为0.92，说明在中国粮食的主产区，灌溉用水效率的提升空间最大。粮食生产灌溉用水效率产生空间差异的原因，一是用水来源的差异，即粮食生产主要依靠地表水还是地下水灌溉。已有研究证明地表水在输送的过程中更容易蒸发和渗漏，灌溉用水效率低于地下水灌溉。二是粮食作物种植结构的差异。可以看出，水稻的主产省区（按水稻2003～2012年年均产量排名前10位）包括湖南（0.46）、江西（0.29）、江苏（0.20）、湖北（0.47）、黑龙江（0.59）、四川（0.40）、安徽（0.26）、广西（0.73）、广东（0.28）、浙江（0.32）等，它们均处于粮食生产灌溉用水的低效率区。生产水稻的地区，尤其是长江以南地区，地表水资源更丰富，多使用地表水灌溉。此外，水稻和小麦是水密集型作物，而玉米则是耗水量较低的粮食作物。玉米的主产省区（按玉米2003～2012年年均产量排名前10位）包括吉林（0.98）、山东（0.27）、黑龙江（0.59）、河南（0.19）、河北（0.52）、内蒙古（0.99）、辽宁（0.98）、山西（0.99）、四川（0.40）、云南（0.87）等，它们大部分处于粮食生产灌溉用水的高效率区。可见种植结构的差异影响了灌溉方式和灌溉用水情况。三是节水灌溉技术采纳的差异。主销区所在的东部沿海地区经济发展水平较高，为其在节水灌溉技术采纳和推广上提供了区位优势。该结论也表明，在研究粮食生产灌溉用水效率的影响因素时，将粮食作物的种植情况和区域差异加以控制是有必要的。

表6-2　2003~2012年各省区粮食生产灌溉用水效率值

	2003年	2004年	2005年	2006年	2007年	2008年	2009年	2010年	2011年	2012年	均值
主产区	**0.69**	**0.78**	**0.67**	**0.50**	**0.39**	**0.52**	**0.41**	**0.40**	**0.37**	**0.33**	**0.51**
河南	0.29	0.54	0.34	0.18	0.11	0.13	0.11	0.07	0.08	0.03	0.19
江苏	0.29	0.36	0.29	0.11	0.15	0.18	0.21	0.22	0.12	0.07	0.20
安徽	0.35	0.48	0.52	0.25	0.11	0.24	0.21	0.22	0.14	0.08	0.26
山东	0.64	0.70	0.31	0.13	0.16	0.24	0.12	0.11	0.16	0.09	0.27
江西	0.41	0.55	0.52	0.34	0.19	0.23	0.15	0.14	0.15	0.19	0.29
四川	0.51	0.90	0.64	0.24	0.26	0.51	0.29	0.28	0.19	0.15	0.40
湖南	0.69	0.77	0.58	0.42	0.28	0.54	0.37	0.23	0.33	0.37	0.46
湖北	0.91	0.90	0.69	0.49	0.38	0.31	0.30	0.16	0.39	0.16	0.47
河北	0.93	0.93	0.87	0.43	0.30	0.56	0.31	0.48	0.25	0.14	0.52
黑龙江	0.99	0.99	0.99	0.97	0.25	0.90	0.33	0.34	0.12	0.02	0.59
吉林	0.99	0.98	0.99	0.99	0.98	0.99	0.98	0.99	0.98	0.97	0.98
辽宁	0.99	0.99	0.99	0.99	0.98	0.99	0.98	0.99	0.98	0.97	0.98
内蒙古	0.99	0.99	0.99	0.99	0.99	0.99	0.99	0.99	0.99	0.99	0.99
主销区	**0.80**	**0.78**	**0.77**	**0.76**	**0.74**	**0.78**	**0.76**	**0.81**	**0.71**	**0.76**	**0.77**
广东	0.32	0.26	0.25	0.35	0.26	0.38	0.28	0.36	0.17	0.19	0.28
浙江	0.40	0.38	0.34	0.24	0.23	0.31	0.35	0.50	0.21	0.29	0.32
福建	0.93	0.90	0.88	0.84	0.73	0.82	0.73	0.91	0.76	0.88	0.84
上海	0.96	0.97	0.97	0.93	0.97	0.98	0.98	0.97	0.83	0.96	0.95
海南	0.99	0.99	0.99	0.99	0.99	0.99	0.99	0.99	0.99	0.99	0.99
北京	0.99	0.99	0.99	0.99	0.99	0.99	0.99	0.99	0.99	0.99	0.99
天津	0.99	0.99	0.99	0.99	0.99	0.99	0.99	0.99	0.99	0.99	0.99
平衡区	**0.92**	**0.95**	**0.90**	**0.94**	**0.96**	**0.96**	**0.93**	**0.88**	**0.90**	**0.91**	**0.92**
广西	0.37	0.56	0.54	0.69	0.84	0.93	0.89	0.89	0.74	0.88	0.73
重庆	0.95	0.97	0.95	0.84	0.87	0.80	0.66	0.78	0.72	0.82	0.84
贵州	0.94	0.97	0.94	0.93	0.92	0.95	0.87	0.68	0.59	0.76	0.85
云南	0.95	0.98	0.86	0.94	0.95	0.96	0.91	0.50	0.91	0.72	0.87
西藏	0.97	0.97	0.71	0.94	0.99	0.95	0.91	0.93	0.97	0.96	0.93
陕西	0.99	0.99	0.99	0.99	0.99	0.99	0.99	0.99	0.99	0.98	0.99

续表

	2003 年	2004 年	2005 年	2006 年	2007 年	2008 年	2009 年	2010 年	2011 年	2012 年	均值
山西	0.99	0.99	0.99	0.99	0.99	0.99	0.99	0.99	0.99	0.98	0.99
宁夏	0.99	0.99	0.99	0.99	0.99	0.99	0.99	0.99	0.99	0.99	0.99
甘肃	0.99	0.99	0.99	0.99	0.99	0.99	0.99	0.99	0.99	0.99	0.99
青海	0.99	1.00	0.99	0.99	0.99	0.99	0.99	0.99	0.99	0.99	0.99
新疆	0.99	1.00	1.00	0.99	0.99	0.99	0.99	0.99	0.99	0.99	0.99

在时序动态演变方面，图 6－1 显示了 2003～2012 年粮食生产灌溉用水效率的变化。从时间维度分析，全国粮食生产灌溉用水效率的波动规律与主产区较为一致，而主销区和平衡区的波动态势趋于平稳，主产区灌溉用水效率波动最大。主产区粮食生产灌溉用水效率一直处于最低位置，总体低于主销区和平衡区；除了 2008 年有所提升外，2004～2012 年，主产区粮食生产灌溉用水效率基本处于下降的趋势。平衡区灌溉用水效率总体变化态势较平稳，波动不大，且一直处于 0.8～1.0 的高效率区间。主销区灌溉用水效率变化也较为平稳，但自 2009 年开始显现出较为明显的波动。主产区和主销区粮食生产灌溉

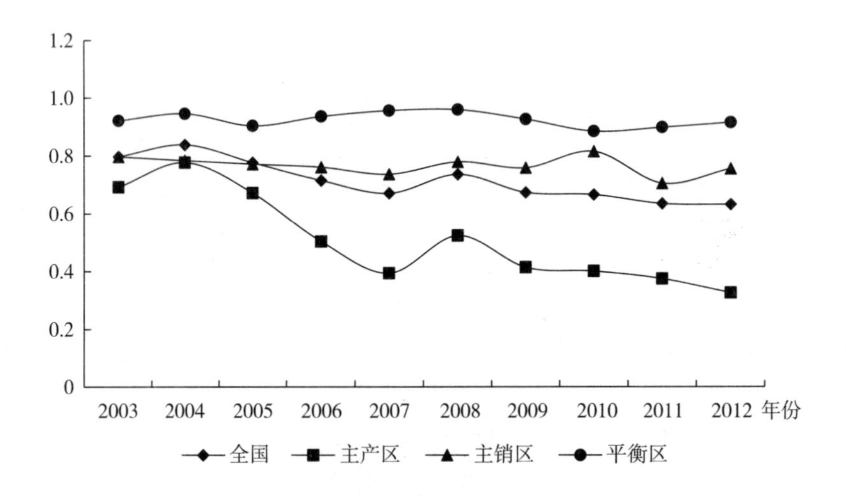

图 6－1　2003～2012 年中国粮食生产灌溉用水效率变化

用水效率在2007年均有所下降，这与2007年北方遭受旱灾有联系。此外，三个区域的灌溉用水效率整体变化趋势体现了不同粮食生产功能区域的灌溉用水差异，主产区灌溉用水效率仍有下降趋势，较其他两个区域来说仍有很大的节水空间。

6.3　农村劳动力非农就业对粮食生产灌溉用水效率的影响

对式（6.4）和式（6.5）同时估计，得到的结果如表6－3所示。值得注意的是，在使用"一步法"的随机前沿分析方法估计投入要素距离函数模型（IDF）时，式（6.5）反映了各因素对单要素技术非效率值的影响，因此负的估计系数代表该变量对灌溉用水效率有正向影响。从全国范围看，农村劳动力第一产业就业比例、平均受教育程度、平均年降水量和水利投资总额所占的比例三个变量系数符号为负且通过了显著性检验，对粮食生产灌溉用水有正向影响；而年均气温、旱灾和涝灾成灾面积、水稻和玉米播种面积对粮食生产灌溉用水效率有显著的负向影响。

表6－3　农村劳动力非农就业对粮食生产灌溉用水效率的影响

变量	全国	主产区	主销区	平衡区
第一产业就业比例	－12.700***	－0.255**	－11.960	0.567
（M_i）	（1.040）	（0.126）	（1.021）	（0.364）
农村劳动力平均受教育水平	－1.623***	－0.042	0.628	－0.093**
（E_i）	（0.104）	（0.039）	（3.800）	（0.038）

续表

变量	全国	主产区	主销区	平衡区
平均年降水量	-0.007***	-0.001*	-0.019	-0.009***
(C_1)	(0.002)	(0.0003)	(0.018)	(0.002)
年均气温	0.379***	0.042***	0.471	0.114***
(C_2)	(0.062)	(0.006)	(0.538)	(0.008)
旱灾成灾面积	0.527*	0.006	14.010	0.187***
(C_3)	(0.295)	(0.020)	(0.021)	(0.055)
涝灾成灾面积	0.815***	0.007	-4.286	-0.054
(C_4)	(0.168)	(0.030)	(0.122)	(0.233)
水稻播种面积	0.957***	0.253***	-4.967	0.312***
(L_1)	(0.090)	(0.011)	(3.144)	(0.103)
小麦播种面积	0.123	0.211***	-2.403	1.325***
(L_2)	(0.104)	(0.010)	(145.6)	(0.108)
玉米播种面积	1.881***	0.129***	4.801	0.784***
(L_3)	(0.235)	(0.020)	(33.760)	(0.078)
水利投资比例	-0.253**	0.003	-6.546***	-0.007
(W_1)	(0.109)	(0.0106)	(1.450)	(0.029)
水资源总量	0.096	0.048**	5.646***	-0.582***
(W_2)	(0.110)	(0.019)	(1.901)	(0.040)
常数项	11.500 (25.121)	0.692** (0.309)	-9.099 (21.970)	0.698 (0.477)
Usigma	-3.373*** (0.578)	-8.668*** (0.087)	-2.419 (6.693)	-3.878*** (0.136)
Vsigma	-0.521*** (0.081)	-5.430*** (0.129)	-1.927** (0.765)	-31.840*** (1.174)
Log likelihood	-361.548	166.010	-38.222	71.552

注：括号内为标准差；*、**和***分别代表在10%、5%和1%的统计水平上显著。

具体来说，农村劳动力第一产业人数占农村劳动力就业总人数的比例(M_i)系数为负，且在全国和主产区均通过了显著性检验，说明该比例越大，粮食生产灌溉用水的非效率越低，即效率越高。因此，农村劳动力第一产业就业比例对灌溉用水效率在全国和主产区有显著的正向影响。换言之，农业劳动力向非农部门转移后，第一产业就业比例下降，不利于粮食生产的灌溉用水效率的增长。说明了劳动力投入充足的精耕细作有利于提高灌溉用水效率。但值得注意的是，根据历年《中国水资源公报》，供水来源中地表水所占的比例均在 80% 以上，也就是说本书所使用粮食生产灌溉用水中绝大部分来源为地表水。而地表水灌溉依赖于引水、蓄水、提水等灌溉系统的修建和基础设施的完善，其中渠水灌溉一般实行集体管理和统一放水，这就需要农户在集中的、固定的时间分配劳动力对灌溉环节进行管理。在气候较干旱的时期，精耕细作的农户则会单独进行引水或提水灌溉，以保证作物的水分需求。

结合前文研究结果，农村劳动力在第一产业的就业比例对灌溉用水总量有正向影响，说明了地表水灌溉的投入偏向于劳动力密集型。在这种灌溉方式下，农村劳动力向非农部门转移所带来的“劳动力损失效应”发挥了主要作用，因而在本书的样本区间内，农村劳动力的非农就业不利于灌溉用水效率的提高。虽然第 4 章中也发现非农就业带来的“收入效应”能够增加农业节水灌溉类机械投入，但该效应不足以抵消劳动力转移对地表水灌溉用水效率的负效应。此外，依据经济发展的趋势，农村劳动力转移至非农产业的趋势增强，将对农村公共投资产生更大的负面影响（张林秀等，2005）；伴随中国农村集体经济体制改革，村级企业数量逐渐下降，对农村公共投资也将形成制约（马林靖，2008）。农村公共投资的减少不利于水利工程项目和节水灌溉项目的实施和完善，对灌溉用水效率的提升会起到阻碍作用。

研究发现，在粮食主产区，第一产业劳动力比例越大，粮食生产灌溉用水的生产率越高，也就是单位灌溉用水的产出越高，而在主销区则相反，平衡区影响并不显著。本章研究结果与之相符，在粮食主产区第一产业就业人数比例越高，粮食生产灌溉用水的技术效率就越高，而在主销区和平衡区影响效应并不显著。这一研究结果与以往研究结果相一致，例如赵连阁等（2010）在分析农户灌溉用水效率差异时发现，当其他要素投入不变时，从事种植业的劳动力数量和劳动时间多的农户，在农业生产的劳动投入越多，生产的粮食产量越高，灌溉用水的效率越高。该研究中内蒙古包头市镫口黄河扬水灌区有 90% 的样本农户使用河水灌溉，该区域的农业生产劳动投入低于其他区域，84% 的样本农户主要收入来源为非农就业收入，而灌溉用水效率也远低于其他样本区域。

农村劳动力的平均受教育水平(E_i)系数为负且在全国和平衡区通过了显著性检验，说明农村劳动力受教育水平对粮食生产灌溉用水效率有显著的正向影响效应，劳动力受教育程度越高，越有可能提高灌溉用水效率。以往研究表明，提高农村劳动力文化水平有助于农户采纳节水灌溉技术（刘红梅等，2008），降低粮食生产灌溉用水的投入，提高灌溉用水效率。前文研究结论也证明了，农村劳动力受教育水平越高，粮食生产灌溉用水的投入总量越低，节水灌溉类机械投入总量越高，侧面解释了受教育水平正向影响灌溉用水效率的内在原因。

反映自然气候条件的两个变量——平均年降水量和年均气温，在全国、主产区和平衡区均对灌溉用水效率有显著的影响。其中，平均年降水量的增加有利于提高灌溉用水效率，符合客观事实，在保证粮食作物生长需水量的同时，降水增加使灌溉用水投入得以降低。年均气温的升高则促进了灌溉用水的技术非效率，这一结果也与客观事实相符，气温的上升加剧了水分的蒸发，在保证粮食作物生长的条件下，加大了灌溉用水的需求。同样地，旱灾和涝灾等自然灾害会增加粮食生产的灌溉用水投入需求，在保证同等粮食产量的条件下，需要投入更多的灌溉水资源，因此，灌溉用水效率降低。

三种粮食作物播种面积对粮食生产灌溉用水效率有正向的影响效应，说明小农户在灌溉用水方面更有效率，这一结论与以往研究发现相一致（王学渊等，2008）。究其原因，播种面积越大，灌溉用水投入越多，而在地表水的运输与流通中水分蒸发与渗漏越大，因此灌溉用水效率降低。农村水利投资总额占农村投资总额的比例对粮食作物灌溉用水效率有显著的正向影响。水利投资对粮食生产的重要作用是显而易见的，尤其是农村灌溉设施投资，对保障水稻、小麦等粮食作物生产具有特殊意义，确保农村灌溉设施投资的数量，能够保障粮食生产顺利进行并防治粮食作物灾害（马林靖，2008）。水利投资一般用于重大水利工程的建设和维护，例如对渠道的翻新、修整等，有利于减少用水环节的浪费，增加用水的便捷性，提高用水效率。

6.4　本章小结

本章从宏观视角出发，对 21 世纪以来中国粮食生产的灌溉用水情况及效率变化等基本事实进行了详细的考察，测算了中国粮食生产灌溉用水效率，并以第 4 章研究内容为基础，分析了劳动力非农就业以及其他因素对灌溉用水效率的影响，最后根据实证研究结果对影响机理进行了总结。此外，本章在中国粮食生产灌溉用水效率方面为读者提供了较为全面的印象和分析，从时间和空间维度，详细阐述了粮食生产灌溉用水效率的变化趋势及空间差异，清晰地展示了区域分异视角下的灌溉用水效率水平。得出的结论如下：

第一，农村劳动力第一产业就业比例对灌溉用水效率在全国和主产区有显著的正向影响。地表水灌溉偏向于劳动力密集型，而在这种灌溉方式下，农村劳动力向非农部门转移所带来的“劳动力损失效应”发挥了主要作用，因而不利于灌溉用水效率的提高。此外，农村劳动力转移至非农产业也不利于农田水利等公共基础设施的建设和维护。

第二，农村劳动力素质对灌溉用水效率有显著的正向影响。农村劳动力转移衡量了劳动力在“数量”方面的变化，而劳动力平均受教育水平显示了农村劳动力素质的变化，也是农村人力资本构成的重要内容。本书发现，农村劳动力的平均受教育水平越高，粮食生产灌溉用水投入越少，节水灌溉类机械投入越多，灌溉用水效率越高。说明提高农村劳动力文化水平和农村人力资本积累有利于促进粮食生产的节水灌溉，提升灌溉用水效率。

第三，在其他因素中，综合气候条件，平均年降水量越多、气温适宜的自然条件有利于减少粮食生产水资源利用，提高灌溉用水效率。平均年降水量越多所投入的灌溉用水量越少，灌溉用水效率越高；年均气温的升高则使灌溉用水量上升，提高了灌溉用水的技术非效率。而旱灾和涝灾将增加粮食生产的灌溉用水投入，阻碍灌溉用水效率的提高。三种粮食作物（水稻、小麦、玉米）播种面积对粮食生产灌溉用水效率影响均为负，作物播种面积越大，灌溉用水投入越多，在地表水的运输与流通中水分蒸发与渗漏越大，从而降低了灌溉用水效率。此外，保证农村水利投资有利于减少用水环节的浪费、提高灌溉用水效率。

第四，中国粮食生产灌溉用水效率平均效率值为 0.71，这一平均效率值意味着在其他条件不变的情况下，粮食生产灌溉仍有 29% 的节水空间。由于本书的数据特征，80% 供水来源为地表水，因此本章研究中灌溉用水多指灌溉用地表水。从空间差异的角度分析，主产区粮食生产的灌溉用水效率最低为 0.51，其次为主销区，达 0.77，最高为平衡区，达 0.92。同时也说明，在中国粮食的主产区，灌溉用水效率的提升空间最大。从时间维度分析，全国粮食生产灌溉用水效率的波动规律与主产区较为一致，而主销区和平衡区的波动态势趋于平稳，主产区灌溉用水效率波动最大。主产区粮食生产灌溉用水效率一直处于最低位置，总体低于主销区和平衡区；除了 2008 年有所提升外，总体呈下降趋势。

第7章　结论及启示

劳动力资源和自然资源是农业生产能够顺利进行的最基本的投入要素。本书在中国粮食生产面临节水压力的背景下，关注了粮食生产中两种重要投入要素之间的关系，即水资源的利用与中国农村社会劳动力资源变化之间的关系。具体而言，本书关注了在农村劳动力非农就业常态化的趋势下，劳动力资源向城镇和非农部门的转移对粮食生产灌溉产生的影响。

在农业高质量发展的背景下，进一步促进节水农业发展、推进节水灌溉技术、提高农户采纳节水灌溉技术的积极性具有重要的意义。发展节水灌溉技术是提高灌溉用水效率、应对农业水资源危机的必要条件，是保障粮食安全的路径之一。作为农业生产的基本单位，微观农户对节水灌溉技术的采纳能够将技术创新的潜在生产力转化为现实的生产力，提高农业水资源利用效率，促进节水农业的发展。

本书主要从微观农户的角度出发，考察其在粮食生产灌溉用水管理环节的行为——对节水灌溉技术的认知情况、对技术采纳的意愿和行为方式、经济学角度的灌溉用水效率。在家庭资源禀赋中，劳动力拥有量和非农收入是本书关注的重点。二者统一于家庭劳动力的非农就业情况，非农就业通过影响劳动力和收入两个渠道，影响农户灌溉用水行为和节水灌溉技术采纳行为。本书首先将非农就业细分为本地非农就业和异地非农就业两种类型，用以考察不同程度的劳动力转移对灌溉用水行为的影响差别。其次将节水灌溉技术划分为不同类型，用以考察非农就业对其采纳行为影响的差异性。最后在此基础上总结非农就业两种效应发挥作用的机制。

本书选取缺水程度高的华北平原为研究区域，其地下水超采问题一直受到各界关注。在超采严重的区域甚至形成了深入地下百米以上的取水井，严重影响了地质和生态环境。该区域粮食作物类型主要为小麦和玉米，因此本书选取华北地区小麦和玉米种植户为研究对象。需要说明的是，本书得出的结论均基于微观调查数据，适用于本书区域之内的农户家庭生产经营情况。

7.1 研究结论

总体而言，随着城镇化和现代化的推进，本书样本区域农村劳动力向非农部门的流动对粮食生产并未产生显著的负面效应，而是有助于提高粮农的灌溉用水效率，这一发现主要归功于非农就业对节水灌溉技术采纳行为的正向影响。无论是农户的灌溉用水行为、节水灌溉技术采纳行为还是灌溉用水效率，不同类型的非农就业均产生了差异化的影响效应。

第一，从粮食生产灌溉管理的投入角度看，随着农村劳动力向非农就业部门转移，粮食生产灌溉用水的投入量有所下降，对灌溉用水井等设备的投入增加，节水灌溉技术采纳有所进步。

劳动力非农就业对粮食生产灌溉用水效率的影响是其对灌溉管理各环节影响效应的最终体现，而“劳动力损失效应”和“收入效应”的相互消长通过灌溉环节的劳动力投入、用水总量和节水灌溉管理等中间环节发挥作用。

结果显示，农户家庭劳动力非农就业显著减少了粮食生产灌溉的劳动力投入，具体表现在灌溉的总时长和灌溉频率上。无论是外地务工还是本地非农就业，农户家庭劳动力参与非农就业均带来了“劳动力损失效应”，对农户灌溉环节的管理产生了影响，减少了农户灌溉的时间和灌溉用水的投入总量。其他影响灌溉频率和时间的变量包括农户家庭劳动力总数、老人和未成年人的比例以及受访者的年龄。本书也说明了农村劳动力老龄化将降低粮食生产灌溉的劳动力投入水平。

另外，根据NELM理论，非农收入的增加为满足灌溉类机械技术投入的资金需求提供了条件，从而提高了节水灌溉类机械投入水平，促进了农户对资金偏向型现代节水灌溉技术（例如低压管灌溉技术）的采纳。结果还表明，本地非农就业的增加有利于提高农户对灌溉用水井的投资。

第二，从技术扩散的角度看，劳动力向非农部门转移促进了农户对节水灌溉技术的采纳，且影响了农户采纳节水灌溉技术的方式。

研究结果表明，无论是本地非农就业还是异地非农就业均对农户采纳节水灌溉技术的行为产生了显著的正向影响，说明非农收入带来的正面效应对劳动力损失所带来的负面效应有所中和（张新焕等，2013）。以往研究已经证明了农户的资金和信贷约束对节水灌溉技术采纳具有阻碍作用（Panadey，2006），而非农就业所带来的收入效应有利于缓解农户面临的资金和信贷约束（Rozelle，1999），从而促进农户对灌溉节水技术的采纳。

采纳节水灌溉技术的农户在投入方式上存在差异。进一步考察农户节水灌溉技术采纳的不同方式发现，家庭劳动力异地转移程度较高的农户，在技术采纳中的劳动力投入较少；而家庭劳动力本地转移程度较高的农户，在节水技术采纳过程中的资本投入相对较少。这说明，随着劳动力非农就业程度的加深，“劳动力流失效应”有所增强。

（1）不同类型的节水灌溉技术采纳受到非农就业的影响存在差异性。

研究结果显示，本地非农就业促进了农户对小畦灌溉等传统型节水灌溉技术的采纳，异地非农就业有助于农户采纳低压管灌溉等现代化节水灌溉技术。说明在本地从事非农工作比例较高的农户在技术采纳中受到的资金约束仍然较强，而在异地转移比例较高的农户中，“收入效应”缓解了其家庭劳动力非农就业带来的“劳动力流失效应”。

具体地，家庭劳动力在本地从事非农工作的比例越高，采纳小畦灌溉的可能性越大。随着非农就业的程度加深，异地非农就业阻碍了农户对土地进行平整改造。这两项技术均属于劳动力密集型技术，是传统节水灌溉技术的代表。

相反地，异地非农就业比例较高的农户采纳低压管灌溉技术的可能性更大，本地非农就业比例高的农户采纳的可能性较低，二者系数均在不同程度的统计水平上通过了显著性检验。以低压管灌溉技术为代表的现代化节水灌溉技术整体性更强，其推广受到资金的约束力更大，而随着劳动力转移程度的加深，“收入效应”逐渐增强，缓解了农户在采纳现代化灌溉技术上的资金约束，提高了农户对风险的抵抗力，增加了农户采纳该项技术的可能性（黄季焜等，1993；Ervin 和 Evrin，1982）。

（2）劳动力向非农部门转移显著提高了农户对节水灌溉技术的认知水平，且该效应对不同的节水灌溉技术种类来说具有差异性。

农户对节水灌溉技术的认知水平在非农就业的影响效应中扮演了重要角色。研究发现，农户对节水灌溉技术认知程度对农户技术采纳意愿和行为均存在显著的正向影响，在技术应用和推广的过程中扮演着重要的角色。而劳动力向非农部门的转移又对农户节水灌溉技术认知水平的提高具有显著的、积极的影响效应。

继续探究其原因发现，非农就业显著影响了农户对节水灌溉技术采纳难度的评价，非农就业程度越高的农户认为技术采纳的难度越低。从获取技术信息的渠道上看，非农就业程度高的农户对现代化节水灌溉技术信息获取的来源更

多样化，渠道更宽广。

这一结果还解释了非农就业对农户节水灌溉技术认知水平的影响在不同技术类型上存在的差异。本地非农就业比例较高的农户，对小畦灌溉技术等传统型节水灌溉技术的认知程度较高，而农户异地非农就业的程度越高，就越了解低压管灌溉技术等现代化节水灌溉技术。原因在于现代化节水灌溉技术的推广整体性较强，需要农户的集体行为，因而技术信息的传递需要突破一定区域的限制，外出务工的劳动力更容易突破这一限制。此外，资金约束随着非农就业程度的加深对农户的影响逐渐变小，使其更有提高节水灌溉技术认知水平的动力。

（3）家庭劳动力资源禀赋显著影响了农户节水灌溉技术采纳行为。

研究还发现，农户家庭劳动力资源禀赋在其节水灌溉技术采纳中扮演了重要角色。家庭劳动力数量对农户采纳节水灌溉技术存在显著的正向影响，但家庭人口中16岁以下未成年人所占比例的增加不利于农户采纳节水灌溉技术。此外，年龄较大的农民在节水灌溉技术采纳的过程中对资本和劳动力的投入都更少。这些结论均证明了农户家庭劳动力资源禀赋在其技术采纳中的重要作用，这一观点和以往研究相呼应（Adeoti，2009；Koundouri和Nauges，2006）。

（4）风险态度、用水价格和土地资源禀赋显著影响了农户的节水灌溉技术采纳行为。

对技术持有风险厌恶态度的农户，其采纳节水灌溉技术的可能性更小，因为对节水灌溉技术的采纳，尤其是现代化技术对资金投入的要求较高，技术采纳的风险性较传统型节水技术更高。另外，用水成本越高，农户采纳节水灌溉技术的可能性越大。家庭耕地面积越大的农户越倾向于采纳节水灌溉技术。农户的耕地规模越大，就能享受越多节水灌溉技术的规模效应所带来的好处（Saha等，1994），从而采用节水灌溉技术的需求越强（Khanna，2001）。

第三，从灌溉用水效率角度看，不同类型农户在灌溉用水效率的表现上具有显著的差异性，节水灌溉技术采纳行为在非农就业对灌溉用水效率的影响中发挥了调节作用。

采纳节水灌溉技术的农户，其灌溉用水效率高于未采纳农户，且这一差异通过了显著性检验。说明节水灌溉技术采纳与农户的灌溉用水效率之间具有显著的正相关关系。通过对农户分组并分析组间均值差异发现，在兼业农户中，采纳节水灌溉技术对提高其灌溉用水效率具有显著的促进作用，采纳节水灌溉技术的纯农业农户与未采纳节水灌溉技术的兼业农户之间的灌溉用水效率具有显著的差异性。

进一步探究非农就业对灌溉用水效率的影响，发现家庭劳动力参与本地非农就业对灌溉用水效率的提高有显著的正向影响，而且该影响效应受农户耕地平均作畦数量的调节，在花费更多精力实施畦灌技术的农户中更为显著。本地非农就业相对于外出务工来说，劳动力流失效应相对较小，对灌溉用水效率的影响效应更为显著。本地非农就业的劳动力并没有完全脱离农业生产，对家庭农业生产劳动力流动性的制约相对较小，在机械化逐步推广的条件下甚至有能力合理兼顾农业生产和非农就业，因此本地非农就业有利于农村劳动力的合理配置。

（1）农户家庭劳动力参与本地非农就业对粮食生产灌溉用水效率的提高有显著的正向影响，而且该影响效应受农户耕地平均作畦数量的调节。

研究结果证明，平均作畦数量能够作为中介变量调节灌溉用水的时间和投入量。虽然在初始阶段需要投入一定的劳动力作畦，但是在后续的灌溉中小畦灌溉能够节约灌溉的时间并减少用水量、降低灌溉成本，达到既省时又省水的目的，对非农就业所带来的劳动力流失起到缓冲作用，因而存在非农就业的农户反而能够采纳这一传统节水灌溉技术。由于小畦灌溉要求作畦的初始劳动力投入，参与本地非农就业的劳动力大多有能力兼顾非农工作和农业生产，有条件和意愿采纳小畦灌溉。相比之下，外出务工的劳动力由于地域的限制，不具备初始阶段投入劳动力作畦的条件，因而外出务工对灌溉用水效率的影响效应不显著。

另外，与地表水灌溉相比，农户地下水灌溉更偏向于个体行为，虽然存在集体打井和机井维护的情况，但农户有自主权利决定灌溉的频率、时间和方式，因此家庭在配置劳动资源时拥有更大的灵活性，而不像集体灌溉行为限定了劳动力灌溉的时间和频次。农户在家庭内部分配劳动力、资金和时间时更加灵活、可调动，因此非农就业带来的负面影响在地下水灌溉行为中相对较弱。

此外，非农就业收入能够缓解农户灌溉用水面临的资金和风险约束，对促进低压管灌溉等资本密集型的节水灌溉技术采纳有积极的影响。

总而言之，在小畦灌溉的调节作用和非农收入的积极影响效应的共同作用下，农户家庭劳动力本地非农就业对粮食生产灌溉用水效率最终呈现出显著的正效应。

（2）对粮食生产灌溉用水效率的测算和分析表明，中国粮食生产地表水灌溉用水平均效率值为0.71，在资源的配置和管理方面仍有较大的提升空间，而且区域之间存在明显的差异性。

从区域空间角度来看，粮食生产主产区的灌溉用水效率一直处于最低位置，平均效率值仅为0.51，低于主销区（0.77）和平衡区（0.92）。从时间维度分析，主销区和平衡区粮食生产灌溉用水效率的波动态势趋于平稳，主产区呈现出较大波动。此外，在微观层面利用河北省农户调研数据测算粮食生产地下水灌溉的用水效率发现，样本农户平均灌溉用水效率为0.88，说明在现有的产出水平和技术条件下，仍有10%以上的节水空间。

（3）在全国范围和粮食主产区，农村劳动力第一产业就业比例、农村劳动力素质等因素对灌溉用水效率均有显著的正向影响。

一方面，地表水灌溉偏向于劳动力密集型，而在这种灌溉方式下，农村劳动力向非农部门转移带来的“劳动力损失效应”发挥了主要作用，因而不利于灌溉用水效率的提高。此外，农村劳动力转移至城市或非农产业也不利于农田水利等公共基础设施的建设和维护。

另一方面，农村劳动力素质对灌溉用水效率有显著的正向影响。农村劳动力转移衡量了劳动力在“数量”方面的变化，而劳动力平均受教育水平显示了农村劳动力素质的变化，也是农村人力资本构成的重要内容。本书发现，农村劳动力的平均受教育水平越高，粮食生产灌溉用水投入越少，节水灌溉类机械投入越多，灌溉用水效率越高。说明提高农村劳动力文化水平和农村人力资本积累有利于促进粮食生产的节水灌溉，提升灌溉用水效率。

7.2 政策启示

从资源节约和环境保护的角度来看，现阶段中国农业生产的发展，要从提升技术进步水平、提高资源的利用效率等方面着手，而不是仅依赖于资源投入量的增加。在水资源紧张的背景下，提高节水灌溉技术的采纳有利于更好地实现农业水资源的有效配置，发展节水农业、提高灌溉用水效率，保证粮食安全。基于以上研究结论，本书建议从以下方面着手，促进节水灌溉技术的推广和高效节水农业的发展。

第一，加强政府统筹宏观调控，全面、多角度、量身定做的政策有助于推动农业水资源利用效率的提高。

研究表明，无论是地表水灌溉还是地下水灌溉，农村劳动力向非农部门转移均对粮食生产的灌溉用水及用水效率产生了影响。因此，在发展节水农业、提高水资源利用效率的同时，中央和地方政府应全面统筹规划，不仅从工程、技术的角度考虑水资源的节约，更要聚焦“三农”视角，结合农业发展情况、

农村资源环境条件和农民家庭资源禀赋情况的变化进行考虑。

具体而言，针对不同省区的资源环境条件和粮食生产灌溉特征，以及劳动力资源的变化等社会经济特征，综合考量政策的制定和实施，并分区域制定总体农业节水目标和措施。例如在以地表水灌溉为主体的粮食主要生产区域，主要通过增加对农业的投入和补贴等方式，提高农民收入和种粮务农的积极性。鼓励、支持农民组成参与式灌溉管理协会等组织，充分调动农民的积极性。地方政府还应结合当地三大产业发展之间的关系、劳动力就业比例、农田灌溉方式等多方面因素，对农业生产灌溉进行统筹调控。例如在以地下水灌溉为主要方式的区域，鼓励、引导农民多方面参与本地非农就业活动，在兼顾好农业生产经营的同时拓展收入来源渠道。

第二，支持、引导农村劳动力在本地进行非农工作，优化劳动力转移模式，提高家庭资源配置效率。

一般情况下，本地非农就业对家庭劳动力资源的流动性和劳动力分配的灵活性约束更弱，对家庭劳动力资源合理配置的影响较小，在机械化逐步推广的条件下甚至有能力合理兼顾农业生产和非农就业，因而劳动力流失效应的表现更弱。尤其是在地表水的灌溉中，由于灌溉次数和时间均属于集体决策，对劳动力在灌溉环节的配置要求更高。提高家庭劳动力资源配置的灵活性有利于优化农户家庭生产的资源配置效率，提高农户的灌溉管理能力。

因此，有序引导农村劳动力从事本地非农工作、创造更多本地非农就业的机会有利于缓解劳动力流失对粮食生产和资源利用的消极影响，具体措施包括以下几点：①加快农村一、二、三产业的融合，推进小城镇建设，根据各地农村资源禀赋情况促进都市农业、休闲农业、观光农业等形式共同发展，从而创造更多本地非农就业的机会。②支持、鼓励乡镇企业的发展，加强政府和企业间的合作，提供乡镇内的非农就业机会。利用优惠的政策和信贷机制，吸引外出务工的劳动力返乡创业，为其吸收本地劳动力创造空间。③为农户提供与时俱进的学习培训机会，加强专项技能的培训。可因地制宜地根据当地现有非农企业的要求或市场需求为农户提供培训、学习的机会。④政府投资加强农田水利等基础设施建设能够一举两得，既为本地非农就业提供了大量的机会，又通过修缮渠系、机井等基本农田水利设施减少了使用过程中的灌溉用水损失，提高了灌溉用水效率。

第三，根据资源禀赋特征开展节水灌溉技术推广，满足农民不同的技术需求，提高农民采纳节水灌溉技术的积极性。

（1）在节水灌溉技术推广对象的选择上，注重农户的家庭资源禀赋特征，针对不同类型的农户提供有差异性的推广服务。

近几年，我国逐渐总结、推广了多种节水灌溉技术，包括传统的畦灌、沟灌和渠道防渗技术，以及现代管道输水、喷灌、微灌技术等，但从整体上来看，节水技术水平仍处于较低层次。尤其是低压管灌溉、喷灌、微灌等现代化节水技术的推广，受到资金、农户家庭经营规模和设备操作等因素的制约。如何建立有效的激励机制，增加粮食生产经营主体采用有效的节水灌溉措施和设备是需要着重考虑的问题。农户根据家庭资源禀赋对激励政策做出响应，因此有必要在技术推广中重视农户家庭资源禀赋特征，对不同类型的农户提供不同的技术推广服务。

首先，现代化节水灌溉技术除了对提高水资源利用效率有利之外，还往往对劳动力具有替代作用，能帮助农户家庭减少灌溉用水的劳力使用。而本书发现非农就业程度较高的农户在技术采纳中对于劳动力的投入较少，且更倾向于采纳低压管等现代化节水灌溉技术。因此在现代化节水灌溉技术的推广中，可以选择劳动力非农就业程度较高、家庭劳动力缺乏、迫切需要技术改善的农户作为主要对象，提高新技术在推广过程中被农户采纳的概率。这类家庭的另一优势在于，相对转移程度低的农户来说，这类推广对象在技术采纳的过程中受到的资金约束较弱。

其次，深入推广传统型节水技术，选择家庭劳动力资源较为充裕的农户作为主要推广对象。传统型节水灌溉技术具有资金投入少、采纳难度低、农户个体操作性强等优势，但对于劳动力投入的要求较高。研究结果显示，本地非农就业劳动力占比较大的农户，更倾向于在技术采纳中投入劳动力而非资本，因此在畦灌、沟灌、土地平整等传统型节水灌溉技术的推广中可选择转移程度较低、劳动力资源比较充裕的农户作为主要对象，进一步提高传统型节水灌溉技术的普及程度。

最后，在培育新型职业化农业的过程中，引导农户提高人力资本的积累。无论是技术创新还是技术扩散，劳动力素质均起到关键性的作用。家庭劳动力资源禀赋对于节水灌溉技术采纳具有显著的影响效应。因此，提高农户家庭劳动力的素质，引导其优化家庭劳动力资源结构会对农户采纳节水灌溉技术起到重要作用。

（2）在节水灌溉技术推广的目标确立上，兼顾传统型技术的普及和现代化节水技术的推广，并针对不同类型农户的需求设计推广目标。

首先，在技术推广区域对农业状况进行有针对性的调研，充分了解当地农业生产者对节水灌溉技术的需求，例如，转移程度更高的农户在技术采纳中更倾向于投入资金而非劳动力，相反地，非农就业程度较低的农户则更倾向于投入劳动力。因此，除了尽可能发挥劳动力非农就业的收入效应，提高农民采纳节水灌溉技术的积极性之外，还应在节水灌溉技术推广的过程中有针对性地对具有不同需求的农户分别进行技术推广服务，提高节水灌溉技术供需匹配效率。

具体而言，对传统型节水灌溉技术而言，保障充足的劳动力是促进技术采纳的必要条件；而对于现代化节水灌溉技术而言，提高农户收入、拓宽其收入来源和信息渠道有助于促进该类型的技术扩散。因此，在确立节水灌溉技术推广目标时，应该厘清农户对技术的不同需求，将帮助农户克服技术采纳中资本或劳动力约束纳入目标确立的考虑范围之内。

此外，特别注意所要推广的传统型节水灌溉技术和现代化节水灌溉技术之间的差异与衔接问题。传统型节水灌溉技术在农户个体层面较容易采纳，推广难度相对较低；相反地，现代化节水灌溉技术的推广难度在于初始资金投入要求较高，农户在个体层面采纳的难度较大。因此，节水灌溉技术推广的目标既要攻克现代化节水灌溉技术推广的难点，又要兼顾传统型节水灌溉技术的普及。

（3）在节水灌溉技术推广的过程中，需特别注意信息传递渠道的多样化发展，加快技术信息平台建设，提高农户对节水灌溉技术的认知水平。

灵活、高效率的信息传递有助于提高农户对节水灌溉技术的认知水平，使农户充分了解实施节水灌溉技术的效果和优势，减少农户采用过程中的技术壁垒，降低农户采用风险和对新技术采用的不确定性，促进农户积极采用节水灌溉技术。因此在技术推广的过程中，要重视技术信息的传递方式、渠道和交流平台建设，培养专业化信息技术员。

首先，为加强农户对节水灌溉技术的了解，应构建开放式的、政府主导的节水技术信息平台，充分利用电子媒体、纸媒等介质，拓宽农业信息传递渠道，搭建节水灌溉技术信息搜寻、过滤和扩散的综合性平台，以确保农户获取及时、有效的节水灌溉技术信息。此外，建立有效的农户技术信息交流平台，使信息来源渠道更广的农户积极分享其获得的节水技术评析，有助于加强农户对节水灌溉技术评价的交流，提高认知水平。

其次，培养农村节水技术信息专管员，实现节水技术信息专管制度。明确专管员的职责，即管理和维护节水技术信息平台，确保平台输入信息的可靠性和全面性，对农户的技术疑问进行答疑，使信息平台发挥其应有的效应，协调推进节水灌溉技术信息化建设，例如，在平台建立节水灌溉技术信息服务系统、节水灌溉技术专家与农户互动系统、节水灌溉设备产品网上推介展示系

统等。

最后，乡村信息传播具有典型的“邻里效应”“能人效应”，利用好这一点不仅可以降低技术交易成本，还可以充分发挥新技术的示范作用。在节水灌溉技术推广初期，可多为农户提供示范，并采取点对点的培训和实践辅导，提升他们在操作上的熟练程度，加深他们对新技术的认识，增加农户在培训之后自主采纳的可能性。另外，技术推广应注重实效，对于那些已经采纳新技术并获得实际经济效益的农户，可适度给予支持，并在当地树立典型，加大宣传力度，让更多农户认识到新技术带来的好处，加速农户对新技术的认知过程。

（4）针对不同类型的节水灌溉技术，使用不同的推广方式和技巧。

对于传统型节水灌溉技术来说，农户个体层面采用的可能性较大，对劳动力强度要求较大。由于非农就业程度较低的农户对传统型节水灌溉技术认知和采纳程度更高，尤其是小畦灌溉，虽然对劳动力投入有要求，但作畦时间集中，本地非农就业的劳动力完全有能力兼顾非农工作和作畦劳作，因此，对该类型农户宣传传统型节水灌溉技术更有效。

对于现代化节水灌溉技术推广来说，资金约束是其面临的主要问题，集体供给的可能性更大。因此，对其进行推广时要注重农民专业合作组织（例如自发组成的用水协会等）的重要作用，发挥集体效应。我国各种类型的农民专业合作组织发展较快，但不少专业合作组织只是停留在形式上，组织管理比较松散，并未真正履行合作组织的职能。在现代化节水灌溉技术推广中，应进一步加强对农民专业合作组织的规范、引导和鼓励，有效发挥其在节水灌溉技术扩散方面起到的作用。

无论是传统型还是现代化节水灌溉技术，都应因地制宜，结合区域性特征，推广适用的节水灌溉技术。在北方干旱半干旱地区，地面灌溉的渗漏和蒸发情况比较严重，水资源利用系数低。因此，适宜推广地下输水技术，如低压管灌溉等节水灌溉技术。但部分地区发展落后，经济相对贫困，为现代化节水灌溉技术推广增加了难度，而发挥非农就业的收入效应能够在一定程度上缓解农户技术采纳的资金压力。

（5）加强政府对节水灌溉技术推广的支持力度，从政策和资金方面为其提供强有力的后盾。

首先，对于现代农业节水灌溉技术而言，资本约束仍然是技术推广中的难点。可以将节水灌溉技术采纳的投入分解开来，针对劳动力资源充裕的农户，允许其以“投工”的方式参与现代化节水技术的合作供给，给予农户充分的采纳节水灌溉技术投入类型的自主选择权，将“投劳”和“投资”的形式结合起来。针对投资能力较弱的地区，政府要给予资金上的倾斜。

其次，通过提供资金补助和政策支持矫正节水灌溉技术采纳的外部性影响，激励农户采用节水灌溉技术。对于已经采用节水灌溉技术的农户提供技术补偿，尤其是投入成本较高、节水效果较好且具有正外部性效应的技术，在初期工程投入方面加大支持力度，降低农户的使用成本。

最后，基层技术人员最了解农户的个体特征和家庭特征。因此，加强对基层农技推广服务部门的投入，培育基层节水技术推广专员，建立有效的公益性基层农技推广体系，实现一对一式的技术支持将有助于促进农户节水灌溉技术采纳。目前我国有不少基层农技推广部门仍面临着人员短缺和经费紧张的双重压力，应从政策和资金两方面进行激励。

总之，要以多种方式鼓励农民参与节水工程建设，采取相应的激励政策和扶持政策激发农户采用节水灌溉技术的积极性。同时，政府要加强对鼓励和扶持政策的宣传工作，让农户了解鼓励政策的目的和相应的实施办法。在节水灌溉技术推广中还应高度重视农户的个体差异性和家庭资源禀赋的差异，通过拓宽农户对节水灌溉技术的认知渠道，提高其对技术的认知水平，从而促进节水灌溉技术的推广。

第四，深入推进农村要素市场改革，促进农村要素市场的发展和完善，建立健全农村劳动力市场。

本书为NELM理论提供了经验证据，劳动力非农就业显著影响粮食生产灌溉用水效率，说明了现阶段中国农村要素市场是不完全市场，要素之间无法顺利实现完全替代。相对于产品市场改革，农村要素市场的改革发展滞后，建立健全农村劳动力市场、土地市场和资本市场也是供给侧结构性改革的一方面。尤其是在非农就业的背景下，促进农村劳动力要素的市场化，有利于实现其他要素资源对劳动力资源的替代，减少劳动力流失给农业生产带来的负向效应。

7.3　研究展望

针对本书的局限和不足之处，笔者对未来研究做出如下展望：

（1）从其他潜在的中介变量对研究进行扩展。劳动力非农就业可能通过其他潜在的中间环节对粮食生产灌溉用水效率产生影响，有待进一步的理论与实证研究的补充和发展。本书主要考虑了劳动力非农就业通过粮食生产灌溉管理的劳动力投入、灌溉用水总量投入、节水灌溉技术三个方面对灌溉用水效率产生影响。其他要素也有可能作为影响效应的载体，例如家庭劳动力非农就业对农户参与灌溉管理组织的影响，本书由于数据的限制没有将该变量纳入考虑范围。再如，利用结构方程模型从农户行为决策的角度出发，检验农户非农就业是否通过影响劳动力的主观节水意识和对资源紧缺的认知，从而对粮食生产灌溉产生影响。又如，近期不少学者关注了社会网络、社会资本等因素对灌溉用水行为的影响。

（2）分别从宏观和微观层面对灌溉方式进行扩展研究。在宏观层面进一步研究农村劳动力非农就业与地下水灌溉的用水变化之间的关系，在微观层面深入探究农户的集体灌溉行为，探究地表水灌溉与农户家庭劳动力非农就业的关系。然而，准确度量农户地表水灌溉的用水量应该是此类研究面临的一大难点。

（3）从时间和空间维度上对本书进行扩展。宏观层面，由于农业灌溉用水数据来自于1999年以后的《中国水资源公报》，缺乏之前的数据，而且在2012年以后国家统计局不再统计农村第一产业从业人员数量，因此本书所使用的宏观数据受到限制，未能将研究的时间段扩展到改革开放至今的维度，而时间维度更广的数据更具有说服力。微观层面，可以扩大样本区域，增加不同资源环境条件下的样本，或从粮食主产区省份、主销区省份和平衡区省份分别抽样，进行对比研究，可能得出更有意义的结论。虽然选取水资源缺乏的干旱、半干旱地区作为抽样区域，对于节水灌溉技术采纳的研究现实意义较强，但未来研究可以聚焦不同缺水类型区域（总量型缺水和结构型缺水）的农户对节水灌溉技术的需求和采纳行为。例如，将研究范围扩展到以地表水灌溉为主的区域，对渠道防渗技术的合作供给和推广进行研究。

（4）从粮食作物种植种类方面进行细致化的研究。可以聚焦于某一种粮食作物的灌溉用水情况与农户家庭非农就业的关系。水稻、小麦和玉米对灌溉用水的要求截然不同，水稻更偏向于资源密集型作物，生长的需水量更大。因此，对主要粮食作物分别进行研究有利于得出更加细致的结论。此外，可以跳出粮食安全的背景，对比粮食作物和经济作物的灌溉用水与非农就业之间的关系。

（5）对粮食生产和灌溉用水的关系进行进一步深入研究。灌溉用水投入对粮食生产具有重要作用，尤其在干旱、半干旱区域，增加灌溉用水投入能够显著提高粮食产量。然而灌溉用水的边际产出是递减的，部分区域存在浪费的情况。如何找到资源配置的最优点也是重要的研究议题。

参考文献

[1] 陈瑛，杨先明，周燕萍．社会资本及其本地化程度对农村非农就业的影响——中国西部沿边地区的实证分析［J］．经济问题，2012（11）：23－27.

[2] 高虹，王彦军，李振琪．参与式灌溉管理的内涵及发展［J］．中国农村水利水电，2003（8）：27－29.

[3] 高峰．全国灌溉用水有效利用系数测算分析报告［EB/OL］．http：//www.docin.com/p－693167016.html，2008－03.

[4] 国亮，侯军岐．农业节水灌溉技术扩散过程中的影响因素分析［J］．西安电子科技大学学报（社会科学版），2011，21（1）：50－55.

[5] 韩青，谭向勇．农户灌溉技术选择的影响因素分析［J］．中国农村经济，2004（1）：63－69.

[6] 韩青，袁学国．参与式灌溉管理对农户用水行为的影响［J］．中国人口·资源与环境，2011（4）：126－131.

[7] 黄季焜，Scott Rozelle. 技术进步和农业生产发展的原动力——水稻生产力增长的分析［J］．农业技术经济，1993（6）：21－29.

[8] 黄修桥．什么是农业节水灌溉［N］．农民日报，1998－03－25.

[9] 黄玉祥，韩文霆，周龙，刘文帅，刘军弟．农户节水灌溉技术认知及其影响因素分析 [J]．农业工程学报，2012，28（18）：113－120.

[10] 李曼，陆迁，乔丹．技术认知、政府支持与农户节水灌溉技术采用——基于张掖甘州区的调查研究 [J]．干旱区资源与环境，2017，31（12）：27－32.

[11] 刘红梅，王克强，黄智俊．影响中国农户采用节水灌溉技术行为的因素分析 [J]．中国农村经济，2008（4）：44－54.

[12] 刘静，Ruth，Meinzen－Dick，钱克明，张陆彪，蒋藜．中国中部用水者协会对农户生产的影响 [J]．经济学季刊，2008（2）：465－480.

[13] 林毅夫．必须重视粮食安全隐患 [J]．江苏农村经济，2008（5）：26.

[14] 马林静．农村劳动力资源变迁对粮食生产技术效率的影响研究 [D]．武汉：华中农业大学，2015.

[15] 马林靖．中国农村水利灌溉设施投资的绩效分析——以农民亩均收入的影响为例 [J]．中国农村经济，2008（4）：55－62.

[16] 史清华．农户经济可持续发展研究——浙江十村千户变迁（1986～2002）[M]．北京：中国农业出版社，2005.

[17] 苏林，袁寿其，张兵，张杰．参与式灌溉管理的现状及发展趋势 [J]．排灌机械，2007（3）：64－68.

[18] 王浩．淮河流域农业节水技术与措施研究 [D]．南京：河海大学图书馆，2007.

[19] 王学渊，赵连阁．中国农业用水效率及影响因素——基于1997～2006年省区面板数据的SFA分析 [J]．农业经济问题，2008，（3）：10－18.

[20] 夏莲，石晓平，冯淑怡，曲福田．涉农企业介入对农户参与小型农田水利设施投资的影响分析——以甘肃省民乐县研究为例 [J]．南京农业大

学学报（社会科学版），2013（4）：54－61.

［21］许朗，黄莺．农业灌溉用水效率及其影响因素分析——基于安徽省蒙城县的实地调查［J］．资源科学，2012，34（1）：105－113.

［22］许朗，刘金金．农户节水灌溉技术选择行为的影响因素分析——基于山东省蒙阴县的调查数据［J］．中国农村观察，2013（6）：45－53.

［23］杨义三，何飞逾，舒波．管网灌桩节水灌溉技术与效应［J］．云南农业，2010（9）：36.

［24］余安．农户节水灌溉技术采用意愿及影响因素［D］．杭州：浙江大学图书馆，2012.

［25］张兵，周彬．欠发达地区农户农业科技投入的支付意愿及影响因素分析——基于江苏省灌南县农户的实证研究［J］．农业经济问题，2006（1）：40－44.

［26］张兵，孟德锋，刘文俊，方金兵．农户参与灌溉管理意愿的影响因素分析［J］．农业经济问题，2009（2）：66－72.

［27］张林秀，罗仁富，刘承芳．中国农村社区公共物品投资的决定因素分析［C］.2006 中国人文社会科学论坛暨新农村建设与和谐社会论坛论文集，2006.

［28］张新焕，肖艳秋，杨德刚，刘云同．基于 Logistic 模型的三江河流域农户节水灌溉驱动力分析［J］．中国沙漠，2013（1）：288－294.

［29］赵立娟．农民用水者协会形成及有效运行的经济分析［D］．呼和浩特：内蒙古农业大学图书馆，2009.

［30］赵连阁，王学渊．农户灌溉用水的效率差异——基于甘肃、内蒙古两个典型灌区实地调查的比较分析［J］．农业经济问题，2010（3）：71－78.

［31］周建伟，何帅，李杰，张奋英．棉花地下滴灌灌溉效应研究［J］．新疆农业科学，2005（1）：41－44.

[32] 朱明芬，李南田．农户采用农业新技术的行为差异及对策研究［J］．农业技术经济，2001（2）：26－30.

[33] 朱月季，周德翼，游良志．非洲农户资源禀赋、内在感知对技术采纳的影响——基于埃塞俄比亚奥罗米亚州的农户调查［J］．资源科学，2015，37（8）：1629－1638.

[34] 中华人民共和国．中国统计年鉴（1999～2016）［EB/OL］．http：//www. stats. gov. cn.

[35] 中华人民共和国．中国农村统计年鉴（1999～2016）［EB/OL］．http：//www. stats. gov. cn/.

[36] 中国水利部．中国水资源公报（1999～2017）［EB/OL］．http：//www. mwr. gov. cn/zwzc/hygb/szygb/.

[37] 中国国家统计局．农民工监测调查报告 2009～2017［EB/OL］．http：//www. stats. gov. cn/.

[38] 中国科学院可持续发展战略研究组．中国可持续发展战略报告——建设资源节约型和环境友好型社会［M］．北京：科学出版社，2006：120－500.

[39] Battese G. E.，Coelli T. J. A model for technical inefficiency effects in a stochastic frontier production function for panel data［J］. Empirical Economics，1995（20）：325－332.

[40] Blanke A.，Rozelle S.，Lohmar B.，Wang J.，and Huang J. Water saving technology and saving water in China［J］. Agricultural Water Management，2007，87（2）：139－150.

[41] Cai X.，Ringler C.，You J. Substitution between water and other agricultural inputs：Implications for water conservation in a River Basin context［J］. Ecological Economics，2008（66）：38－50.

[42] Caswell M.，Zilberman D. The choices of irrigation technologies in cali-

fornia [J] . American Journal of Agricultural Economics, 1985 (67): 224, 234.

[43] Chebil B., Frija A., Belhassen A. Irrigation water use efficiency in collective irrigated schemes of Tunisia: Determinants and potential irrigation cost reduction [J] . Agricultural Economics Review, 2012 (29): 27 -43.

[44] Cummings R. G., Nercissiantz V. The use of water pricing as a means for enhancing water use efficiency in irrigation: Case studies in mexico and the United States [J] . Natural Resources Journal, 1992, 32: 731 -755.

[45] De Brauw A., Rozelle S. Migration and household investment in rural China [J] . China Economic Review, 2008 (19): 320 -335.

[46] Dhehibi B. Measuring irrigation water efficiency with a stochastic production frontier: An application for Citrus producing farms in Tunisia [J] . African Journal of Agricultural & Resource Economics, 2007 (1): 1 -15.

[47] Di Falco S., Veronesi M., and Yesuf M. Does adaptation to climate change provide food security? A micro - perspective from ethiopia [J] . American Journal Agricultural Economics, 2011, 93 (3): 829 -846.

[48] Du Y., Park A., and Wang S. Migration and rural poverty in China [J]. Journal of Comparative Economics, 2005, 33 (4): 688 -709.

[49] Ervin C. A., and Evrin D. E. Find more like this factors affecting the use of soil conservation practices: Hypotheses, evidence and policy implications [J]. Land Ecconomics, 1982 (8): 277 -293.

[50] Eyhorn F., Mäder P., Ramakrishnan M. The impact of organic cotton farming on the livelihoods of smallholders [M] . Evidence from the Maikaal biore poject in central India. In. Frick, Switzerland: Research Institute of Organic Agriculture (FiBL), 2005.

[51] Gao Q., and Jia H. Analysis on the causes and impact of return migrants

[J] . Management of Agricultural Science and Technology, 2007, 26 (4): 66 - 68.

[52] Huang Q., Rozelle S., Lohmar B., Huang J., Wang J. Irrigation, agricultural performance and poverty reduction in China [J] . Food Policy, 2006 (31): 30 - 52.

[53] Huang Q., Rozelle S., Howitt R., Wang J., Huang J. Irrigation water demand and implications for water pricing policy in rural China [J] . Environment and Development Economics, 2010 (15): 293 - 319.

[54] Huang Q., Wang J., and Li Y. Do water saving technologies save water? Empirical evidence from North China [J] . Journal of Environmental Economics and Management, 2017 (82): 1 - 16.

[55] Huffaker R. G., and Whittlesey N. K. Agricultural water conservation legislation: Will it save water? [J] . Choices, 1995 (4): 24 - 28.

[56] Kabunga N. S., Dubois T., Qaim M. Heterogeneous information exposure and technology adoption: The case of tissue culture bananas in Kenya [J] . Agricultural Economics, 2012, 43 (5): 473 - 485.

[57] Karagiannis G., Tzouvelekas V., Xepapadeas A. Measuring irrigation water efficiency with a stochastic production frontier [J] . Environmental and Resource Economics, 2003 (26): 57 - 72.

[58] Khanna M. Sequential adoption of site - specific technologies and its implications for nitrogen productivity: A double selectivity model [J] . American Journal of Agricultural Economics, 2001 (2): 35 - 45.

[59] Kumbhakar S., and Lovell C. A. Stochastic frontier analysis [M]. Cambridge University Press: New York, NY, USA, 2000.

[60] Lichtenber. Land quality, irrigation development and cropping patterns in the North High Plains [J] . American Journal of Agricultural Economics, 1989, 71

(1): 187 - 194.

[61] Liu J., Williams J. R., Zehnder A. J. B., Yang H. GEPIC - modelling wheat yield and crop water productivity with high resolution on a global scale [J]. Agricultural Systems, 2007 (94): 478 - 493.

[62] McKenzie D., Rapoport H. Can migration reduce educational attainment? Evidence from Mexico [J]. Journal of Population Economics, 2011 (24): 1331 - 1358.

[63] Meinzen - Dick R., Raju K. V., Gulati A. What affects organization and collective action for managing resources? Evidence from canal irrigation systems in india [J]. World Development, 2002 (30): 649 - 666.

[64] Negatu W. and Parikh A. The impact of perception and other factors on the adoption of agricultural technology in the moret and Jiru woreda (district) of ethiopia [J]. Agricultural Economics, 1999 (10): 205 - 216.

[65] Nieswiadomy M. L. Input substitution in irrigated agriculture in the high plains of Texas [J]. Western Journal of Agricultural Economics, 1988, 13 (1): 63 - 70.

[66] Oseni G., Corral P., Goldstein M., Winters P. Explaining gender differentials in agricultural production in Nigeria [J]. Agricultural Economics, 2015 (46): 285 - 310.

[67] Pender J. L., Kerr J. M. Determinants of farmers' indigenous soil and water conservation investments in semi - arid India [J]. Agricultural Economics, 1998 (19): 113 - 125.

[68] Peterson J. M., Ding Y. Economic adjustments to groundwater depletion in the highplains: Do water - saving systems save water? [J]. American Journal of Agricultural Economics, 2005 (87): 148 - 160.

[69] Qiao G., Zhao L., Klein K. K. Water user associations in Inner Mongolia: Factors that influence farmers to join [J]. Agricultural Water Management, 2009 (96): 822-830.

[70] Reinhard S., Lovell C. K., Thijssen G. Econometric estimation of technical and environmental efficiency: An application to dutch dairy farms [J]. American Journal of Agricultural Economics, 1999 (81): 44-60.

[71] Rozelle S., J. E. Taylor, and A. DeBrauw. Migration, remittances, and agricultural productivity in China [J]. American Economic Review, 1999, 89 (2): 287-291.

[72] Saha A., Love H. A., and Robeit S. Adoption of emerging technologies under output uncertainty [J]. American Journal of Agricultural Economics, 1994 (11): 836-846.

[73] Sauer J., Gorton M., Davidova S. Migration and farm technical efficiency: Evidence from Kosovo [J]. Agricultural Economics, 2015 (46): 629-641.

[74] Speelman S., D' Haese M., Buysse J., D' Haese L. A measure for the efficiency of water use and its determinants, a case study of small-scale irrigation schemes in North-West Province, South Africa [J]. Agricultural Systems, 2008 (98): 31-39.

[75] Stark O. Migration of labor [M]. Oxford: Blackwell Publishers, 1991.

[76] Stark O., Bloom D. E. The new economics of labor migration [J]. The American Economic Review, 1985 (75): 173-178.

[77] Stochastic Frontier Analysis. In an introduction to efficiency and productivity analysis [M]. Boston, MA: Springer US, 2005.

[78] Tang J., Folmer H., Xue J. Technical and allocative efficiency of irrigation water use in the Guanzhong Plain, China [J]. Food Policy, 2015 (50): 43-52.

[79] Taylor J. E. , Rozelle S. , Brauw A. D. Migration and incomes in source communities: A new economics of migration perspective from China [J] . Economic Development and Cultural Change, 2003 (52): 75 - 101.

[80] Udry C. Gender, agricultural production, and the theory of the household [J] . Journal of Political Economy, 1996 (104): 1010 - 1046.

[81] Wachong Castro V. , Heerink N. , Shi X. , and Qu W. Water savings through off - farm employment? [J] . China Agricultural Economic Review, 2010, 2 (2): 167 - 184.

[82] Wallander S. , and Hand M. Measuring the impact of the environmental quality incentives program (EQIP) on irrigation efficiency and water conservation [R] . AAEA and NAREA joint Annual Meeting, 2011.

[83] Wang C. , Rada N. , Qin L. , Pan S. Impacts of migration on household production choices: Evidence from China [J] . The Journal of Development Studies, 2014 (50): 413 -425.

[84] Woodruff C. M. , Zenteno R. Remittances and microenterprises in mexico [J]. SSRN Electronic Journal, 2001.

[85] Ward F. A. , Pulido - Velazquez M. Water conservation in irrigation can increase water use [J] . Proceedings of the National Academy of Sciences, 2008, 105 (47): 15 -20.

[86] Watto M. A. , Mugera A. W. Measuring production and irrigation efficiencies of rice farms: Evidence from the punjab province, pakistan [J] . Asian Economic Journal, 2014 (28): 301 -322.

[87] Yigezu Y. A. , Ahmed M. A. , Shideed K. , Aw - Hassan A. , El - Shater T. , Al - Atwan S. Implications of a shift in irrigation technology on resource use efficiency: A Syrian case [J] . Agricultural System, 2013 (118): 14 -22.

[88] Zhang L., Wang J., Huang J., and Rozelle S. Groundwater markets in China: A glimpse into progress [J]. World Development, 2008, 36 (4): 706 - 726.

[89] Zhao Y. Leaving the countryside: Rural - to - Urban migration decisions in china [J]. American Economic Review, 1999 (89): 281 - 286.

[90] Zhou S., Herzfeld T., Glauben T., Zhang Y., Hu B. Factors affecting Chinese farmers' decisions to adopt a water - saving technology [J]. Canadian Journal of Agricultural Economics - revue Canadienne D Agroeconomie, 2008 (56): 51 - 61.

[91] Zuo M. Development of water - saving dryland farming', in China Agriculture Yearbook 1996, English Edition [M]. Beijing: China Agricultural Press, 1997.